国家自然科学基金青年基金项目(51904310)资助

煤的双重孔隙结构等效特征及对其力学和渗透特性的影响机制

郭海军　著

U0337913

中国矿业大学出版社

·徐州·

内 容 简 介

煤是一种复杂的双重孔隙结构介质,深入研究煤体双重孔隙结构及其力学和渗流特性对于煤层气开发、矿井瓦斯防治等均具有重要意义。本书共分为6章,主要包括绪论、基于分形理论的煤的双重孔隙结构特征及等效机制、煤的吸附解吸特性及基质内瓦斯的运移规律、基于双重孔隙结构等效特征煤的力学与变形特性、基于双重孔隙结构等效特征煤的渗透性演化规律、基于双重孔隙结构等效特征煤的渗透率模型分析与工程应用。

本书可供安全工程、采矿工程和煤层气开发工程等相关专业的师生使用,还可供相关企业技术人员和科研院所人员参考使用。

图书在版编目(CIP)数据

煤的双重孔隙结构等效特征及对其力学和渗透特性的
影响机制 / 郭海军著. —徐州:中国矿业大学出版社,2020.3
ISBN 978-7-5646-4640-0

Ⅰ. ①煤… Ⅱ. ①郭… Ⅲ. ①煤—孔隙—影响—力学
—研究②煤—孔隙—影响—渗透性—研究 Ⅳ. ①TD712

中国版本图书馆 CIP 数据核字(2020)第 027387 号

书　　名	煤的双重孔隙结构等效特征及对其力学和渗透特性的影响机制
著　　者	郭海军
责任编辑	吴学兵
出版发行	中国矿业大学出版社有限责任公司
	(江苏省徐州市解放南路　邮编 221008)
营销热线	(0516)83884103　83885105
出版服务	(0516)83995789　83884920
网　　址	http://www.cumtp.com　E-mail:cumtpvip@cumtp.com
印　　刷	江苏凤凰数码印务有限公司
开　　本	787 mm×1092 mm　1/16　印张 11.5　字数 219 千字
版次印次	2020 年 3 月第 1 版　2020 年 3 月第 1 次印刷
定　　价	46.00 元

(图书出现印装质量问题,本社负责调换)

前 言

煤是一种复杂的多孔介质,由包含孔隙的煤基质和切割煤基质的裂隙组成,其内含有的丰富的孔隙、裂隙和巨大的比表面积使其可以储存大量瓦斯并提供瓦斯运移的空间。煤中瓦斯渗流特性和渗透性演化规律同其基质孔隙-裂隙系统是密切相关的,但鉴于煤自身结构的复杂性,在进行相关理论研究时,通常将构成其双重孔隙结构的元素(即基质和裂隙)简化为具有规则形状的几何体,该几何体的尺度特征即为煤基质和裂隙的等效尺度特征。

本书主要运用吸附科学、岩石力学、断裂力学和渗流力学等方法,采用理论分析、实验室实验、数值模拟和现场试验相结合的手段,研究煤的双重孔隙结构等效特征及对其力学和渗透特性的影响机制。在典型试验矿井采集煤样,制备不同粒径煤粉、不同粒径煤粉压制而成的型煤试样和原煤试样。在查阅大量文献的基础上,通过理论分析和实验室实验,探讨煤的双重孔隙结构特征的定性、定量描述方法,并获取其等效机制;开展煤中瓦斯的吸附解吸特性及煤基质瓦斯运移规律的实验研究,获取煤的吸附解吸特征和煤基质中瓦斯的运移规律;研究双重孔隙结构等效特征下煤的力学强度和变形特性,获取煤的双重孔隙结构特征对其力学强度和变形特性的作用规律。在以上理论分析和实验研究的基础上,开展基于双重孔隙结构等效特征的煤的瓦斯渗透性实验,获取基于双重孔隙结构等效特征的含瓦斯煤的渗透率演化规律,建立基于煤的双重孔隙结构等效特征的渗透率演化模型,并用于指导现场工程实践。

全书共分 6 章。第 1 章为绪论,主要介绍了目前国内外在煤体力学特性和瓦斯流动领域的研究现状、存在的问题以及本书的主要研究内容;第 2 章为基于分形理论的煤的双重孔隙结构特征及等效机制,主要以分形理论探讨了煤的孔隙、裂隙尺度效应,并在传统煤的双重孔隙结构基础上构建了煤的裂隙率和渗透率的数学表征方法,定量化表征了煤的等效裂隙宽度和等效基质尺度;第 3 章为煤的吸附解吸特性及基质内瓦斯的运移规律,主要探讨了煤的双重孔隙结构特征对其瓦斯吸附和解吸性能以及瓦斯在煤基质中运移特性的影响;第 4 章为基于双重孔隙结构等效特征煤的力学与变形特性,主要探讨了基于双重孔隙结构等效特性的煤体力学本构关系特征,获得了线弹性阶段和弹塑性阶段煤的应力应变特征,同时分析了不同双重孔隙结构特征下煤的宏观破坏特征,并研究了瓦斯对煤的强度特征和变形特性的影响及其与煤的双重孔隙结构等效特征的关系;第 5 章为基于双重孔隙结构等效特征煤的渗透性演化规律,主要分析了基于双重孔隙结构等效特征煤的渗透率演化规律,构建了基于煤的双重孔隙结构等效特征的渗透率演化模型,揭示了煤的渗透率演化的内在机制;第 6 章为基于双重孔隙结构等效特征煤的渗透率模型分析与工程应用,主要探索了基于实验室实验和理论分析并与现场相结合的渗透率预测方法,并与矿井实测煤层透气性系数结果进行了对比分析,对本书提出的基于双重孔隙结构等效特征煤的渗透率演化模型进行了工程验证,同时,从塑性变形的角度出发,探讨了基于双重孔隙结构等效特征煤的渗透率演化模型的应用前景。

限于作者的水平,书中难免有不足之处,恳请广大专家学者给予批评指正!

作 者

2019 年 9 月

目　　录

第 1 章 绪 论

　　我国是一个缺油、少气、富煤的国家[1-2]。多年来,煤炭一直是我国能源消费的主体,根据能源部门的预测,到 2030 年煤炭在我国一次能源中所占比重仍将达到 60% 左右[3]。但是,我国煤炭资源的赋存条件是极其复杂的,其中,95% 的矿井通过井工开采的方式生产,48% 的煤矿为突出或者高瓦斯矿井,且我国煤与瓦斯突出灾害发生的起数、规模以及造成的损失均位居世界前列[4]。近年来,随着浅表煤炭资源的日渐枯竭,我国煤矿开采逐渐向深部延伸,而深部煤层的复杂地质构造、高地应力、高瓦斯压力和含量、低渗透性等特点进一步增加了煤与瓦斯突出的可能性[5-7]。

　　煤与瓦斯突出是在地应力、瓦斯压力以及煤结构及其力学特征综合作用下产生的动力现象[8-10]。在突出过程中,地应力和瓦斯压力是突出发动与发展的动力,煤结构及其力学特征是阻碍突出发生的因素[9]。目前,瓦斯抽采是降低煤层瓦斯含量、消除突出危险性的最主要技术手段[9-14]。同时,我国矿井瓦斯(煤层气)资源十分丰富,在煤炭资源开采之前将煤层中的瓦斯抽采出来并加以利用,不但可以保障煤炭资源的安全开采、促进矿井瓦斯这一高效洁净能源的利用,还可以保护环境,实现煤矿瓦斯抽采与利用的"安全、能源、环境"三重效益。而控制瓦斯抽采或煤层气开采的关键因素是煤层渗透率,因此国内外学者从多个角度对煤的渗透特性开展了大量的研究,取得了丰硕的研究成果。

1.1 煤的孔隙结构特征及瓦斯运移规律

1.1.1 煤的孔隙结构特征

　　煤是一种复杂的多孔介质,根据双重孔隙结构理论可知,其是由含孔隙的煤基质和切割煤基质的裂隙组成的。煤虽然具有双重孔隙结构,但是其基质孔隙和裂隙在成因、规模和连通性上存在着很大的差别。基质孔隙是在成煤的过程中经过多次物理化学作用而形成的,而裂隙则是在成煤过程和后期各种构造应力的改造综合作用下形成的[15]。由于煤内部结构的复杂性,实际上煤中基质孔隙和裂隙并没有明显的尺度界限,因此,以往在进行表征时往往统称为孔隙。为了研究的方便,国外从 20 世纪 60 年代就开始对煤的孔隙进行划分,而国内则从 20 世纪 80 年代才开始开展相关研究[16]。国内外学者针对煤孔隙结构的具体分类情况如表 1-1 所列。

表 1-1 煤孔隙结构分类表

典型文献	孔隙大小/nm				
	微孔	小孔	中孔	大孔	可见孔及裂隙
B. B. Hodot(1966)[17]	<10	10~100	>100~1 000	>1 000	—
M. M. Dubinin(1966)[18]	<2	2~20	—	>20	—
H. Gan 等(1972)[19]	<1.2	—	1.2~30	>30	—
J. Rouquerol 等(1994)[20]	<2	2~50	—	>50	—
G. Chandra 等(1987)[21]	<0.8	0.8~2	>2~50	>50	—
俞启香(1992)[9]	<10	10~100	>100~1 000	>1 000~100 000	>100 000
秦勇等(1995)[22]	<10	10~50	>50~450	>450	—
C. R. Clarkson 等(1999)[23]	<2	—	2~50	>50	—

对煤中孔隙结构进行测试分析的方法,根据测试原理和设备的不同,主要可以分为光学观测法和流体侵入法[24]。光学观测法主要包括光学显微镜法(OM)、扫描电子显微镜法(SEM)、透射电子显微镜法(TEM)、电子计算机 X 射线断层扫描技术(CT)、原子力显微镜法(AFM)和小角度散射法(SAX/SANX)等。流体侵入法主要有压汞法(MIP)、低压氮气吸附法(LP-N_2GA)、二氧化碳吸附法(CDA)和氦气比重瓶测定法(HP)等。各种方法测试的孔隙范围如图 1-1 所示。

1.1.2 煤中瓦斯运移规律研究现状

煤(岩)作为煤层气的储集层,其孔隙-裂隙系统不仅是煤层气的赋存空间,也是煤层气的运移通道。煤中瓦斯运移是一个很复杂的过程,从分子运动观点来看,气体分子在煤基质孔隙壁上的吸附和解吸是瞬间完成的[25-26]。但实际上瓦斯通过煤的流动需要一定的时间,这是因为瓦斯在煤基质中通过各种不同大小的孔隙扩散出来并经过煤的裂隙流出时要克服重重阻力。在煤基质内部瓦斯的运移方式是以浓度梯度为主导的扩散,而在煤的基质之间的大量裂隙中,

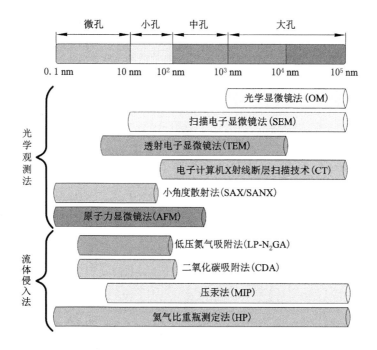

图 1-1 煤孔隙的测定方法及范围[24]

瓦斯运移方式是以压力梯度为主导的渗流,如图 1-2 所示。在孔隙-裂隙双重孔隙结构介质模型中,气体的运移通常被简化为以下两个连续的过程[27-29]:首先,煤基质孔隙内表面吸附的瓦斯发生解吸转变为游离态气体;然后,游离态气体从煤基质孔隙中扩散进入煤基质之间的裂隙中并从煤中流出。

(1)煤基质孔隙中瓦斯扩散理论

扩散是煤中瓦斯运移过程中的一个环节,它是指由于分子的自由运动,物质由高浓度体系运动到低浓度体系的浓度平衡过程[30-31]。在矿井生产过程中,各种采掘工艺条件下采落煤的瓦斯释放特征、突出发展过程中已破碎煤的瓦斯涌出规律、国内在预测煤层瓦斯含量和突出危险性时所用的煤钻屑瓦斯解吸指标等,都是以瓦斯扩散现象为基础的。通常,把煤看作一种多孔介质来讨论瓦斯在煤颗粒中的运移过程。因为煤基质瓦斯扩散过程中气体的浓度随时间变化,所以煤中瓦斯的扩散为非稳态扩散过程。

由图 1-2 可知,扩散是煤中瓦斯运移的最初阶段,因此也是至关重要的一个阶段。为了从数学角度定量地描述该过程,人们通常使用下式[31-33]:

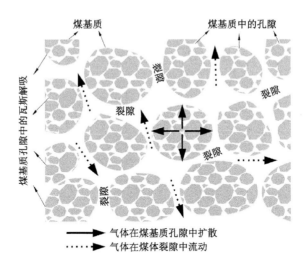

图 1-2　煤中瓦斯运移过程

$$J = -D \frac{\partial c_{gas}}{\partial l_h} \tag{1-1}$$

式中　J——扩散流通量，kg/(m² · s)；

　　　　D——扩散系数，是扩散"速率"的量度，m²/s；

　　　　c_{gas}——扩散组分的浓度，kg/m³；

　　　　l_h——扩散距离，m；

　　　　$\dfrac{\partial c_{gas}}{\partial l_h}$——浓度梯度，负号表示浓度梯度与扩散流通量二者的方向是相反

　　　　　　　的，即浓度梯度是从低浓度到高浓度，而扩散流通量是从高浓

　　　　　　　度到低浓度。

　　式(1-1)是由德国学者阿道夫·菲克于 1855 年提出的,称为菲克定律或菲克第一定律。菲克第一定律是一个宏观的关系式,并不涉及扩散系统内部分子运动的微观过程。该定律既适用于稳态扩散过程,亦可以描述非稳态扩散过程。由于扩散现象是由微观粒子的随机运动引起的,因此菲克扩散方程的解往往是统计学上的函数,比如高斯分布函数和误差函数等[31]。

　　对于煤中瓦斯扩散理论的研究始于 20 世纪 50 年代,众多学者通过大量的理论分析和实验建立了气体在多孔介质中的解吸扩散数学模型,并推导出了其解析解[25]。后来,有学者[34-38]结合对具体煤样的实验研究,对解析解进行了修正,给出许多描述煤中瓦斯扩散与时间关系的半经验或者经验关系式。在国

内,比较有代表性的是杨其銮和王佑安做的研究[33,39-41],二人依据扩散传质理论和实验分析,系统地论述了煤层瓦斯涌出、煤与瓦斯突出规律,提出了极限煤粒假说,即当煤粒破碎到一定小的颗粒时,其中只有扩散孔隙,且扩散服从线性菲克扩散定律,在此基础上建立了煤粒瓦斯扩散的微分方程,并求出了相应的解析解。而后,吴世跃和郭勇义等[42-43]研究了扩散系数和对流传质系数的测试原理,初步讨论了扩散边界条件相互转化问题。

就目前的理论研究可知,对瓦斯在煤基质中的运移主要是从宏观和微观两个角度来进行分析的。宏观角度主要是从瓦斯在煤颗粒中的运移入手,虽然其模型存在理论推导过程,但主要从实验中获得;微观角度主要是从煤基质孔隙尺度入手来研究瓦斯在煤中的运移规律。

(2)煤裂隙中瓦斯渗流理论

瓦斯渗流理论是目前国内外指导煤层瓦斯防治的基础理论。1856年,法国工程师达西(Darcy)首次提出了线性渗流的概念,即通常所说的达西定律。在之后的研究与应用过程中,达西定律得到了进一步的修正和完善,并逐渐形成了线性瓦斯渗流理论、非线性瓦斯渗流理论和考虑地球物理场效应的瓦斯渗流理论等[24,44-45]。

20世纪初,石油和天然气行业的兴起促进了达西定律在该行业的应用与发展。20世纪40年代,苏联学者在达西定律的基础上,考虑煤的吸附瓦斯特性研究了煤层瓦斯渗流规律[46]。在国内,20世纪60年代,周世宁等[47-49]为我国煤层瓦斯渗流理论奠定了基础,将煤假设成均匀的连续介质,在国内首次提出瓦斯在煤层中的流动基本符合达西定律。20世纪80年代以后,孙培德、谭学术、鲜学福等[50-58]对已有渗流模型进行了修正和完善,获得了大量的理论成果,即利用真实气体状态方程代替理想气体状态方程,并认为真正参与渗流的是煤层中可解吸的瓦斯,在之后的煤层瓦斯渗流模型构建时分别考虑了煤层的非均质性、瓦斯的非线性流动、地应力场、地电场和地温场等。

随着研究的深入,人们逐渐意识到达西定律并不能完全描述实际煤层中瓦斯的渗流规律,但是以线性方式表示的达西定律形式简洁,而且基本能满足对实际煤层瓦斯流动规律研究的需要,因此到现在为止,达西定律仍被人们用于描述瓦斯在煤中的渗流特性。

1.2 煤中瓦斯吸附解吸特性

煤中瓦斯的赋存状态主要有游离态和吸附态两种。在煤层赋存的瓦斯量中,通常吸附瓦斯量占总瓦斯量的 $80\%\sim90\%$,游离瓦斯量仅占 $10\%\sim20\%$;在吸附瓦斯量中又以煤基质孔隙表面吸附的瓦斯量占多数[8,48]。煤是具有高交联特征的高分子聚合物,由许多结构类似但形式不同的芳香核组成,在芳香核周围通过桥键与许多的侧链、脂环和官能团相连[59-61]。煤内部的碳原子能够与相邻的碳原子相互吸引形成应力平衡态,而表面的碳原子则处于应力不平衡状态,表面的碳原子很难向内移动收缩而更容易吸附外界的气体分子来降低自身的表面能,这便导致了吸附的产生[16]。目前,普遍认为煤吸附瓦斯属于物理吸附的范畴,而且针对煤吸附瓦斯的研究已经形成了很多的吸附理论,比较常见的有单分子层朗缪尔吸附理论、多分子层 BET 吸附理论、D-A 吸附理论和D-R 吸附理论等[16,62-63]。影响煤对瓦斯吸附的因素很多,可以分为自身因素和外界因素两类[9-10]。其中,自身因素主要有煤的变质程度、煤岩组分、煤岩宏观类型、孔隙结构等;外界因素主要有压力、温度、气体种类、含水率、外界应力条件、地球物理场、电磁场等。

瓦斯在煤中的吸附解吸过程需要一定的时间,故对煤-瓦斯这一系统而言,吸附解吸量是时间的函数[62]。因煤与瓦斯突出时存在着瓦斯快速解吸过程,故研究煤中瓦斯吸附解吸动力学特性对掌握突出机理具有重要意义。结合煤矿实际现场可知,煤在脱离煤壁以后是在常压下进行解吸的。对于煤来说,现场取到的样品绝大多数情况下都处于破碎状态,也就是说很多的煤样都是呈现出小颗粒状的。因此,在实验室习惯采用具有一定尺度大小的煤粉进行模拟研究。在实验室中,当不同煤种的煤块被研磨破碎到一定尺度后,其中的裂隙已经被完全破坏,仅保留孔隙,即使裂隙没有被完全破坏,剩余裂隙也非常少,路径亦非常短,所以相对孔隙扩散阻力而言,剩余裂隙渗流阻力完全可以忽略不计,煤粒中气体运动完全可以看作瓦斯的纯扩散过程[25]。在实验中,为了尽量减小裂隙的影响,应尽可能地采用小粒径的煤样,但不能过小,因为过小不便于实际操作。

针对吸附解吸现象的研究由来已久。英国剑桥大学 R. M. Barrer[64]通过对天然沸石中各种气体吸附过程的研究认为,吸附和解吸是可逆过程,累积气体吸附解吸量与时间的平方根成正比。孙重旭[65]通过研究煤粒瓦斯解吸规律后发现,煤粒径较小时瓦斯解吸量与解吸时间符合幂函数关系。安丰华等[66]通过对煤粒瓦斯解吸特性进行实验及理论分析后认为,瓦斯解吸量与解吸时间符合对数函数关系。王恩元等[67]从实验角度获得了朗缪尔吸附解吸动力学模型,且有众多学者[68-69]经实验证实瓦斯吸附解吸动力学特性符合朗缪尔模型。杨其銮[40]通过研究发现,煤的破坏程度越高,初始瓦斯放散初速度越大,有效扩散系数越大。李一波等[70]研究了煤样粒径对煤吸附常数及瓦斯放散初速度指标的影响,结果发现,朗缪尔体积随粒径变化呈现出阶段性变化趋势,瓦斯放散初速度指标随粒径变化呈现出对数函数的变化规律。李云波等[71]还对构造煤瓦斯解吸初期特征进行了实验研究,结果发现,构造煤瓦斯解吸初速度随粒度的减小而增加,但是在极限粒度以下煤的粒径对瓦斯初期解吸速度影响较小,瓦斯解吸初速度与吸附平衡压力呈幂指数关系。李青松等[72]通过对突出煤层瓦斯解吸初期影响因素进行实验研究后发现,在瓦斯解吸初期阶段,吸附平衡压力越大、粒径越小、破坏越严重,解吸初期阶段相同时间段内瓦斯解吸量越大;在任何条件下,瓦斯解吸量与时间的关系为单调递增函数,即时间越长,解吸量越大。许江等[73]进行了煤样粒径对煤与瓦斯突出影响的实验研究,结果发现,煤样粒径通过影响型煤的物理力学性质进而对煤与瓦斯突出产生明显的影响效果。张天军等[74]通过研究粒径大小对煤吸附甲烷的影响发现,煤的粒径在 0.096～0.150 mm 的范围内时,随着粒径的变小煤的吸附量增大;煤的粒径小于0.045 mm 时,煤的孔隙表面部分被破坏,较大程度地减小煤的粒径不会明显地增大总比表面积,也不会使吸附量明显增大。许满贵等[75]通过对影响煤的甲烷吸附性能的因素进行实验研究后发现,压力越大煤样吸附量随粒径变化的程度越剧烈;压力越大其吸附量随温度变化趋势越大。潘红宇等[76]研究了瓦斯放散初速度指标的影响因素后发现,在煤样达到瓦斯吸附饱和之前,吸附时间对瓦斯放散初速度指标影响较大,当达到吸附饱和后瓦斯放散初速度指标不再受吸附时间的影响,而是随粒径的减小而增大。伊向艺等[77]通过研究发现,煤的解吸初期阶段主要是解吸过程,解吸量主要与比表面积相关,而在解吸中后期阶段,主要是解吸-扩散过程,解吸量主要与扩散半径相关。此外,还有许多学者[78-86]从不同的角度对煤的吸附解吸性能进行了卓有成效的研究。

1.3　煤体力学特性及其本构关系

含瓦斯煤既存在游离瓦斯产生的力学作用,又存在吸附瓦斯产生的非力学作用,国内外学者在含瓦斯煤的力学特性方面获得了丰富的研究成果,但针对瓦斯对煤的力学性质的影响仍然存在不同的结论。

国内学者对于煤的力学性质的研究可以追溯至 20 世纪 50 年代中期,钱鸣皋[87]依据煤(岩)与瓦斯突出的力学过程介绍了突出的性质与力学作用。许江等[88]研究发现,随有效围压的增加,含瓦斯煤的弹性模量增加,泊松比降低,峰值强度增加,煤的峰值强度受吸附作用的影响较小。尹光志等[89]认为,游离瓦斯改变了煤的全部变形阶段的力学响应特征,而随着瓦斯压力的增加,吸附瓦斯产生的非力学作用会逐渐起主导作用。赵洪宝等[90]认为,含瓦斯煤与不含瓦斯煤相比,三轴强度降低,弹性模量增加。王家臣等[91]研究认为,瓦斯对煤力学性质的影响主要表现在变形模量、三轴强度和峰值应变方面,加载过程中的变形模量明显小于卸载过程。姚宇平等[92-93]认为,煤吸附瓦斯后,内摩擦角不变,黏聚力降低,煤的强度降低,而且吸附性越强的气体对煤的强度造成的影响越大,但是与围压无关,这主要是因为游离瓦斯降低了煤的剪切面两侧的有效正应力,而吸附瓦斯则主要降低煤粒之间的作用力。李小双等[94]认为,瓦斯对煤的力学强度起弱化作用,随着瓦斯压力的增加,煤的抗压强度、弹性模量呈单调递减趋势,峰值应变呈单调递增趋势。梁冰等[95]认为,含瓦斯煤中的游离瓦斯和吸附瓦斯均对煤的变形破坏产生影响,只是游离瓦斯作为体积力产生力学作用,而吸附瓦斯则是通过体积响应对本构关系产生影响。煤矿开采过程会导致煤经历复杂的应力路径后产生破坏,许江、尹光志等[96-98]研究了煤的蠕变、不同加卸载条件、加卸载速度等对含瓦斯煤的力学性质的影响,谢和平等[6]分析了煤矿开采条件下三种典型的煤的破坏过程中的力学行为。煤矿深部开采导致地温增加,尹光志、许江等[99-100]均开展了温度对煤的力学特性影响的实验研究,分析了温度对煤的力学参数和破坏特征的影响。

国外学者对煤的力学特性研究的开始时间和国内差不多,从20世纪五六十年代开始,I. Evans等[101]就开展了大量的煤样单轴和三轴压缩实验以研究煤的力学性质。B. Mishra等[102]研究了在注入气体的过程中煤的弹性模量和变形规律,认为吸附变形导致围压的变化是造成弹性模量变化的主要原因。Z. T. Bieniawski、J. van der Merwe、T. Medhurst等[103-105]考虑了尺度效应对于煤样力学特性的影响,分别在现场和实验室开展了大尺寸煤样的力学实验。Y. Ates等[106]利用吸附性气体和非吸附性气体实验测定了含气体煤的力学特性,发现吸附气体造成的煤力学性质的改变基本可以忽略。N. Terry[107]研究了煤中的微裂隙对煤在弹性变形阶段的力学响应的影响。C. Mark等[108]从煤柱设计需求的角度出发,开展了超过4 000组煤样的单轴抗压实验,获得了超过60个煤层的单轴抗压强度。T. P. Medhurst等[109]开展了不同尺寸煤样在不同围压条件下的三轴抗压强度实验。M. S. Masoudian等[110]研究发现二氧化碳降低了煤的弹性模量和强度,并且这种影响是可逆的,吸附气体后煤的双重孔隙结构变化增强了煤的塑性。S. G. Wang 等[111]开展了含瓦斯煤的力学特性实验和瓦斯快速释放实验后认为,瓦斯主要通过改变有效围压和瓦斯膨胀能的快速释放来改变煤的弹性模量和强度。A. B. Szwilski[112]开展了大量的实验研究,分别获得了煤的单轴抗压强度和弹性模量同固定碳和灰分之间的关系。D. R. Viete 和 P. G. Ranjith[113-114]通过实验发现,含二氧化碳煤样的单轴抗压强度和弹性模量均比含空气煤样的低,他们将其归因于二氧化碳的非平衡吸附和煤样的离散性,之后又将其归结于二氧化碳对煤中裂隙的弱化和张裂所致。

含瓦斯煤的本构关系是定量描述煤的变形的基础,由于含瓦斯煤的本构方程多从石油领域衍生而来,因此该方程多是基于有效应力原理而建立的。K. Terzaghi[115]在研究土力学时首次提出了有效应力公式,而 M. A. Biot[116]在此基础上又进一步采用有效应力系数对有效应力方程进行修正。在国内,卢平等[117]提出了含瓦斯煤变形破坏的双重有效应力原理,认为煤的变形主要由本体变形和结构变形组成,前者由本体应力决定,后者由结构有效应力决定,修正了太沙基公式。祝捷等[118]基于 Carroll 的有效应力方程,推导了考虑界面吸附作用的含瓦斯煤的各向异性的有效应力方程。孙培德、赵阳升等[119-120]在含瓦斯煤三轴力学实验的基础上,认为含瓦斯煤的有效应力符合修正的太沙基公式,并认为孔隙压缩系数是体应力和瓦斯压力的函数。S. M. Liu 等[121]建立了包含游离瓦斯和吸附膨胀应力的含瓦斯煤的有效应力的计算公式。孟磊[24]基于含瓦斯煤的本体变形、结构变形和损伤变形,建立了含瓦斯煤的有效应力方程。陶云奇等[122]也基于含瓦斯煤的本体变形和结构变形,考虑温度和吸附瓦斯作用提出了含瓦斯煤的有效应力计算方程。李祥春、吴世跃等[123-124]在表面物理化学和弹性力学的基础上,提出了考虑吸附膨胀应力的有效应力方程。

含瓦斯煤的本构模型主要包括弹性本构模型、弹塑性本构模型和损伤本构模型等,在煤层瓦斯抽采过程中,弹性本构模型主要用于对预抽煤层瓦斯过程的描述,而弹塑性本构模型和损伤本构模型则主要用于描述瓦斯卸压过程[16]。以尹光志为首的科研团队[125-129]分别推导了含瓦斯煤的弹塑性耦合损伤本构模型和蠕变本构关系。陈占清等[130]分析了含瓦斯煤的破坏形式和破坏条件,建立了与 Drucker-Prager 准则和拉格朗日准则相关联的正则流动法则。尹光志等[131]基于内时理论和不可逆热力学原理推导了含瓦斯煤的内时损伤本构方程。张我华[132]建立了含瓦斯煤的局部化损伤模型,并构建了考虑瓦斯作用的破坏准则。G. Wang 等[133]基于煤的双重孔隙结构理论,建立了考虑吸附变形的含瓦斯弹性煤的本构方程。J. Q. Shi 等[134]将吸附瓦斯引起的变形类比于热膨胀变形,建立了考虑吸附变形作用的含瓦斯煤的弹性本构方程。

1.4 煤中瓦斯渗流特性及渗透率模型

为了消除煤层的煤与瓦斯突出危险性以保证煤炭资源安全开采,当前最常用的方法就是进行瓦斯抽采,如此不仅能消除突出危险,而且抽采出的煤层气还是一种清洁能源,一举两得。煤层渗透率是影响矿井瓦斯抽采与煤层气产出量的重要因素,因此,深入了解煤的渗透率演化规律对于煤层瓦斯抽采和煤与瓦斯突出防治有着重要的意义。煤是一种具有复杂结构的多孔介质,其内部裂隙和孔隙的分布是极不均匀的,因此,有时候将现场取到的煤样拿到实验室进行渗透性实验时会发现,其结果和现场测试的结果有很大的差别,而且甚至是一种差别较大的两种数量级的对比[16]。煤的渗透率不仅受尺度效应、层理方向等自身因素的影响,而且还会受到应力、瓦斯压力、吸附变形和温度等外在因素的影响。通过国内外煤层渗透性对比可知,国内煤层的原始渗透率较低,而国外煤层原始渗透率较高,为国内煤层原始渗透率的$10^3 \sim 10^4$倍。因此,国内外学者开展煤的渗透性研究的侧重点存在着极大差别。其中,国内学者更侧重于研究煤层经过改造(比如卸压瓦斯抽采)以后的情形,而主要开展应力解除以后的卸荷或者实施其他增透措施后煤的渗透率演化规律。国外学者则是基于煤层气现场应力环境的情况,重点针对煤层处在原始应力环境下的瓦斯预抽,实验设计时也多是开展在与煤层气开采相类似的条件下,由于瓦斯压力降低引发有效应力与吸附变形变化对渗透率演化规律的影响实验。在对渗透率演化规律进行理论研究时,为了定量化分析有效应力和基质吸附膨胀变形等因素的作用效果,通常将煤的双重孔隙结构进行简化,典型的简化结构如图 1-3 所示。

在国内,彭永伟等[135]在实验室开展了不同尺度煤样的渗透性实验,发现不同尺度煤样在相同条件下的渗透率并不相同,渗透率对围压的敏感性也存在差异。王宏图、王恩元等[54,136]通过研究发现电场的作用会提高煤的渗透率,并且提高的幅度随电场强度的增加而增加。苏现波、傅雪海、张胜利等[137-139]通过研究发现,煤层中的割理和孔隙在煤层气勘探与开发中起着重要作用。孙维吉等[140]开展了在长时间载荷作用下含瓦斯煤的渗透性试验。陈绍杰等[141]对

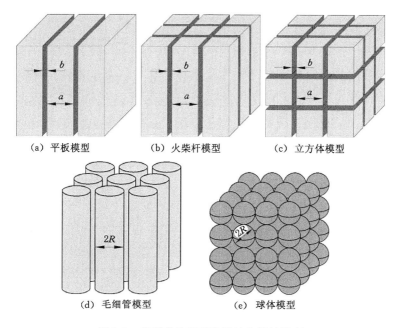

(a) 平板模型　　　　(b) 火柴杆模型　　　　(c) 立方体模型

(d) 毛细管模型　　　　(e) 球体模型

图 1-3　典型煤的双重孔隙结构等效模型

软煤在塑性流动状态下渗透率的演化规律进行了试验。潘荣锟[142]对三种不同层理方向(即平行层理、斜交层理和垂直层理)煤样加卸载之后的渗透率进行了测试后发现,相同条件下平行层理煤的渗透率最大,斜交层理次之,垂直层理最小。尹光志、许江等[97,99,143-149]进行了大量含瓦斯煤在不同应力路径下的渗透率测定试验,通过分析有效应力、应力路径、卸载速度、循环加卸载和长时间加载产生的蠕变等因素对渗透性的影响发现,煤样渗透速度与瓦斯压力呈幂函数关系。林柏泉等[150]开展了不同层理煤样的渗透率实验后发现,与垂直层理煤样相比,平行层理煤样的渗透率受围压效应的影响较大;同时还在实验室模拟了地应力环境下煤的渗透率与应力之间的关系,认为在加载时煤的渗透率与应力之间呈指数关系,在卸载时呈幂函数关系。曹树刚等[151]通过对突出原煤在不同瓦斯压力下的渗透率进行测试后发现,煤的渗透率随瓦斯压力的增加呈先减小后增加的变化趋势。袁梅等[152]通过试验发现,煤的渗透率与平均瓦斯压力之间呈指数关系,而且随瓦斯压力梯度的增加而减小。隆清明等[153]对不同种类气体、不同吸附条件下型煤的渗透率进行了测试,结果发现,吸附作用越强的气体,吸附量越大,而渗透率越小。

在国外,S. Liu、S. Harpalani 和 S. Mazumder 等[154-156]通过实验模拟了煤层气开发过程中气体压力的变化,研究了有效应力和吸附膨胀变形竞争作用下煤样渗透率的演化规律。C. R. Mckee 等[157]统计了美国几个盆地的煤层渗透率与埋深的关系后发现,随着埋深和有效应力的增加,煤的渗透率呈指数减小。考虑到实际煤储层所处的应力状态,A. Mitra 等[158]在实验室模拟了单轴应变条件,测试了煤样渗透率随孔隙压力和围压改变时的演化规律,并基于实验结果对常见的渗透率模型进行了修正。Z. W. Chen、Z. J. Pan 等[159-160]分别使用吸附性气体和非吸附性气体测试了煤样的有效应力系数,并进一步研究了有效应力的单重作用对煤样渗透率演化的影响,发现煤的渗透率与瓦斯压力之间呈指数关系。J. R. Seidle、S. Durucan、E. P. Robertson 等[161-164]通过实验研究了煤的吸附膨胀变形特性及其对渗透率的影响,其中,E. P. Robertson[163]研制了一种精密的光学测试吸附膨胀变形量的仪器,分别测试了煤样吸附 CH_4、CO_2、N_2 和 He 时的吸附膨胀变形量,并利用实验结果修正了三种常见的渗透率模型。E. P. Robertson、R. Pini 等[163,165]开展了等外力条件下煤样的渗透率测定实验后发现,随着瓦斯压力的增加,煤样的渗透率呈现先减小后增加和一直增加两种趋势,分析认为这主要是由瓦斯压力变化引发的有效应力和吸附变形的竞争作用所引起的。

煤的渗透性和煤的结构特征有着极为紧密的联系。煤的结构特征主要包括煤的孔隙特性、吸附解吸性能、吸附膨胀性能,特别是与渗透率密切相关的煤的裂隙分布和煤的基质尺度。目前研究煤的结构对渗透率的影响均从煤的裂隙特性的角度展开,G. K. W. Dawson 等[166]通过实验揭示了不同变质程度煤样的渗透率同割理间距、割理高度、煤样的条带特性之间的关系;X. H. Fu 等[167]使用测井曲线的手段研究了煤的裂隙结构同渗透率之间的关系。但是,煤的原始裂隙结构本身已较为复杂,尤其是对于松软突出构造煤而言复杂度更高,再叠加复杂的应力演化引起的裂隙扩展和生成,使得对煤的裂隙的定量描述非常困难。

通过对渗透性的梳理和分析可以发现,国内外学者在开展渗透率模拟实验时有着不同的侧重点,这一差异同样体现在煤的渗透率模型的构建方面。在构建渗透率模型时,先构建影响因素与变形之间的关系,然后建立变形与孔隙率之间的关系,再结合孔隙率与渗透率之间的关系,综合获得各影响因素与渗透率之间的关系。构建渗透率模型边界条件大致可以分为三类:等体积条件、单应变条件和三轴应力条件。在国外,重点是针对煤层气开采而开展的渗透率模型的构建,而煤层气开采过程中主要是瓦斯压力变化引发的有效应力和吸附变形对渗透率的影响。根据煤所处的应力状态,国内渗透率模型主要分为两类:一类是弹性段的渗透率模型[122,168-171],该类模型主要针对煤层瓦斯预抽或煤层气开采,与国外的研究重点类似;另一类是塑性破坏以后的渗透率模型[149,172-174],该类模型主要针对煤层经过改造以后的卸压瓦斯抽采,这与国内煤层渗透率低而需要增透以后才可抽采有关。

　　煤的渗透率的测试方法可分为现场测定方法和实验室测定方法。目前,我国最常用的煤层渗透率现场测试方法是周世宁院士提出的"钻孔流量法"[47-49],其将煤层内的瓦斯流场划分为三种基础类型,并建立了相应的瓦斯流动方程,通过将流量方程化为无因次方程,求解出无因次流量准数和时间准数,为现场测定煤层透气性系数提供了计算公式。"钻孔流量法"提供了一种简单实用的煤层透气性系数测试方法,推动了瓦斯流场解算的发展。从 20 世纪 90 年代初,许多学者[171,175-177]探讨了煤样渗透率与地应力、孔隙压力、温度以及地电场参数之间的关系,并建立相关的经验公式和理论模型。此后,各种渗透率模型相继被提出。

　　煤是由包含孔隙的煤基质和切割煤基质的裂隙组成的双重孔隙结构多孔介质,裂隙为游离态瓦斯的赋存场所和流动通道,而基质孔隙内既赋存有吸附瓦斯又有游离瓦斯[178-183]。基质孔隙内瓦斯运移符合菲克扩散定律,裂隙内瓦斯的运移符合达西渗流定律[184-185]。国内学者在建立煤的渗透率演化模型时,需要处理复杂应力状态变换条件下的渗透率演化规律,而目前尚缺少一种很好的理论工具处理煤中原生裂隙扩展连通或新生裂隙生成问题,以及煤基质孔隙吸附膨胀变形时的力学响应同体积响应之间的关系。另外,从现有的渗透率理论模型可以发现,其可以定量描述有效应力和基质吸附膨胀变形的竞争作用,但这些模型均是相对渗透率模型,虽然能够反映煤层渗透率的整体分布情况,却不能赋予单个渗透率绝对的意义,更不能表征煤基质和裂隙结构特性对渗透率的影响。由此可见,建立综合考虑煤的双重孔隙结构特征、有效应力和基质吸附膨胀变形的渗透率模型,并将其应用于指导工程实践是十分必要的。

第2章　基于分形理论的煤的双重孔隙结构特征及等效机制

　　煤是一种非均质各向异性的多孔介质,通常情况下,煤被看成是由含孔隙的煤基质和切割煤基质的裂隙组成的,因此,煤具有双重孔隙结构特征[186]。煤的孔裂隙结构特性决定了煤的力学性质和煤中瓦斯的运移规律。要从本质上认识煤的力学变形损伤以及瓦斯运移特性,就必须实现对煤基质、孔隙系统和裂隙系统的有效描述。

2.1　煤样及基本物性参数

2.1.1　样品制备

　　本书研究所用煤样均取自铁法矿区。通过现场取样获得的煤样大小、形状是参差不齐的,为了实验的需要,取出部分煤样放入粉碎机中粉碎,然后使用煤样筛将煤样进行了筛分以获得特定粒径的煤样。所用煤样筛筛孔尺寸分别为0.01 mm、0.041 mm、0.074 mm、0.125 mm、0.2 mm、0.25 mm、0.5 mm、1 mm 和3 mm,可获得粒径范围分别为 0.01～0.041 mm、0.041～0.074 mm、0.074～0.125 mm、0.125～0.2 mm、0.2～0.25 mm、0.25～0.5 mm、0.5～1 mm 和1～3 mm的煤样。

　　煤样的坚固性系数测试分析选用粒径为2～3 cm 的煤块,而煤样的工业分析和瓦斯放散初速度指标则是针对上述所有粒径的煤样。

　　在实验室进行煤的吸附解吸实验时,为了缩短煤样的吸附平衡时间,通常选用粒径较小的煤颗粒。本书选用的进行煤的吸附解吸实验的煤样粒径分别为0.01～0.041 mm、0.041～0.074 mm、0.074～0.125 mm、0.125～0.2 mm、0.2～0.25 mm、0.25～0.5 mm、0.5～1 mm 和1～3 mm。

　　在进行煤的力学特性实验与渗透性实验时采用的是标准煤样(ϕ50 mm×

100 mm),即原煤试样和型煤试样。其中,原煤试样是利用制样器从现场取到的大块状煤样中直接取得的,具体方法为:首先利用切割机将煤块按照一定的层理结构切割成长方体,然后利用内径 50 mm 的钻杆在获得的长方体煤块中钻取煤柱,最后再对煤柱的两端进行切割、打磨,获得外观尺寸为 ϕ50 mm×100 mm 的原煤试样,如图 2-1(a)所示。型煤试样制作方法为:在事先制备的煤粉中加入适量蒸馏水,搅拌均匀,然后将其放入专门压制型煤试样的模具中,接着将装有湿润煤粉的模具放在压力机上,施加 120 MPa 的压力并稳压一段时间,等压制完成后,从压力机上取下模具,拧松螺丝进行脱模,取出压制好的型煤试样后,对煤样的两端进行打磨,获得外观尺寸大约是 ϕ50 mm×100 mm 的型煤试样,如图 2-1(b)所示,最后将煤样放入真空干燥箱中干燥后密封保存。本书制作型煤试样时使用的煤粉粒径分别为 0.01~0.041 mm、0.041~0.074 mm、0.074~0.125 mm、0.125~0.2 mm、0.2~0.25 mm、0.25~0.5 mm 和 0.5~1 mm。

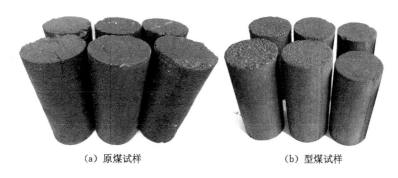

(a)原煤试样　　　　　　　　　　(b)型煤试样

图 2-1　原煤试样和型煤试样照片

实验室测定煤的孔裂隙结构的方法主要有压汞法、低压氮气吸附法和二氧化碳吸附法。其中,压汞法可以使用的最大煤样尺寸为 10 mm,低压氮气吸附法和二氧化碳吸附法可以使用的最大煤样尺寸亦在 10 mm 左右。进行孔隙结构测试时,不仅使用上述不同粒径的煤粉,而且还将型煤和原煤切割成规则形状的小煤块进行测试,具体将在下文中介绍。

2.1.2　煤样基本物性参数测试

(1)煤的坚固性系数与瓦斯放散初速度指标

煤的坚固性通常使用坚固性系数 f 值来表征。实验室测定坚固性系数 f 值时遵循的标准为《煤和岩石物理力学性质测定方法　第 12 部分:煤的坚固性系数测定方法》(GB/T 23561.12—2010),采用的方法为落锤法。

瓦斯放散初速度指标 Δp 表示在标准大气压下煤吸附瓦斯后,用 mmHg 表示的煤在 $0\sim10$ s 内的瓦斯解吸量与 $45\sim60$ s 内的瓦斯解吸量的差值,其综合反映了煤的瓦斯放散的快慢程度。瓦斯放散初速度指标 Δp 的大小与多种因素相关,包括煤的孔隙结构特征、瓦斯含量等。实验室测定煤的瓦斯放散初速度指标遵循的标准为《煤的瓦斯放散初速度指标(Δp)测定方法》(AQ 1080—2009),所用仪器为 WT-1 型瓦斯扩散速度测定仪。

煤的坚固性系数 f 值与瓦斯放散初速度指标实验室测试结果如表 2-1 所示。

表 2-1   煤的坚固性系数 f 值与瓦斯放散初速度指标测定结果

煤样粒径/mm	瓦斯放散初速度指标/mmHg	煤的坚固性系数 f 值
$0.01\sim0.041$	13.75	—
$0.041\sim0.074$	13.25	1.12
$0.074\sim0.125$	12.75	
$0.125\sim0.2$	12.45	
$0.2\sim0.25$	12.00	
$0.25\sim0.5$	11.20	
$0.5\sim1$	10.80	
$1\sim3$	9.75	

(2) 煤的工业分析

煤的工业分析主要包含对水分(M_{ad})、灰分(A_d)、挥发分(V_{daf})、固定碳(FC_{ad})和煤的真密度(ρ_{tr})以及视密度(ρ_{ap})的分析。其中,煤样的工业分析遵循的标准为《煤的工业分析方法》(GB/T 212—2008),所采用的仪器为 5E-MAG6600 全自动工业分析仪。

煤样真密度和视密度测定依据的标准为《煤和岩石物理力学性质测定方法》(GB/T 23561—2009)。其中,真密度测定采用美国康塔仪器公司(Quanta-chrome)生产的 UltraPYC 1200e 型全自动真密度分析仪;视密度测定通常采用蜡封法,采用比重瓶测定获得。另外,由于在进行 1 mm 以下的煤粉的视密度测定时操作非常困难,因此,采用由该粒径煤粉压制的型煤进行测试,这样也便于后文中对煤的双重孔隙结构等效特性的描述。煤样的工业分析测定结果如表 2-2 所示。

表 2-2　煤样的工业分析实验测定结果

煤样	粒径 /mm	工业分析/%				真密度(ρ_{tr}) /(t/m³)	视密度(ρ_{ap}) /(t/m³)
		M_{ad}	A_d	V_{daf}	FC_{ad}		
煤粉	0.01~0.041	1.46	25.61	38.78	39.41	1.42	1.22
	0.041~0.074	1.44	24.59	39.67	38.21	1.43	1.22
	0.074~0.125	1.32	23.18	40.06	37.45	1.42	1.20
	0.125~0.2	1.01	25.61	41.24	35.75	1.41	1.21
	0.2~0.25	0.98	27.46	43.42	32.05	1.43	1.19
	0.25~0.5	0.74	27.25	44.17	27.91	1.43	1.20
	0.5~1	0.67	28.73	43.84	28.48	1.44	1.18
	1~3	0.65	28.75	42.78	33.75	1.40	1.17
原煤	—	0.97	28.88	40.39	33.99	1.45	1.37

从表 2-2 中可以看出,随着煤样粒径的变化,煤样的水分、灰分、挥发分和固定碳都会有不同程度的变化。水分随着粒径的减小基本呈现逐渐增加的变化趋势,但是其总体的水分含量是很小的,这可能是因为煤在粉碎过程中,随着与空气接触面积的增加而逐渐吸收了更多空气中的水分;灰分随着粒径的减小呈现先减小后增大的变化趋势,在 0.074~0.125 mm 范围内达到最小值23.18%;挥发分基本随着粒径的减小呈现先增加后减小的变化趋势,在0.25~0.5 mm范围内达到最大值44.17%;固定碳随着粒径的减小基本呈现先减小后增加的变化趋势,在 0.25~0.5 mm 范围内达到最小值 27.91%。从表 2-2 中还可以发现,煤粉的真密度和视密度均小于原煤试样,但是,对不同粒径煤粉而言,其真密度和视密度随粒径的改变量并不明显。对于煤的工业成分随粒径变化而变化的现象,许多学者[187-189]也得到过类似的实验结果,究其原因,有学者[189]认为这和煤样在破碎过程中煤的有机组分活性加剧是密切相关的。

2.2　煤的孔裂隙结构测试分析

2.2.1　压汞实验

压汞法是测试煤的孔裂隙结构时经常使用的方法。其基本原理是[190]:利用不同宽度的孔裂隙对压入汞的阻力不同这一特性,根据压入汞的质量和压力,计算出煤中孔裂隙体积和有效宽度。孔裂隙的有效宽度计算公式为[190-191]：

$$r_{Hg} = -\frac{2\sigma_{Hg}\cos\theta_{Hg}}{p_{cHg}} \times 10^{14} \tag{2-1}$$

式中　r_{Hg}——孔裂隙的有效宽度，nm；

　　　σ_{Hg}——汞的表面张力，在 25 ℃时为 4.8×10^{-10} N/nm；

　　　θ_{Hg}——汞的润湿接触角，取 140°；

　　　p_{cHg}——毛管压力，MPa。

压汞法主要通过外部压力将液态汞注入煤的孔裂隙中，孔裂隙大小由注入汞的多少确定，外部注汞压力越高，液态汞能够进入的孔裂隙的宽度就越小。因此，一定的压强值对应一定的孔裂隙宽度值，而相应的汞压入量相当于该宽度下的孔裂隙体积。

由于在压制型煤的过程中可能会对煤样孔裂隙产生不同程度的破坏或者使得煤中孔裂隙空间重新分布，因此，本书不仅对颗粒煤进行了测试分析，而且还对用于渗透率实验的型煤试样和原煤试样进行了测试分析。进行型煤和原煤的压汞实验时，为了方便将实验样品放入实验仪器中，使用钢锯、刀片和砂纸等工具将煤柱切割并打磨成大小形状均相同的长方体小煤块。虽然是小煤块，但也比相应的煤粉尺寸大得多，可以保证与标准煤样孔裂隙结构的一致性。压汞实验所用煤样照片及实验结果如图 2-2 和图 2-3 所示。

由图 2-2 和图 2-3 可知，无论是不同粒径煤粉还是由不同粒径煤粉压制成的型煤，总的进汞量均随着粒径的减小而增大。就煤粉而言，0.01～0.041 mm 和0.041～0.074 mm 两个粒径范围的煤样累计进汞量明显高于其他粒径范围。这主要是因为煤在由大块状破碎成小颗粒的过程中，煤中许多封闭型孔不断转变成开放型孔，一些半封闭型孔（如墨水瓶形孔）也慢慢被分裂成圆柱形孔或圆锥形孔等。另外，由于煤基质的严重损伤，一些孔裂隙喉道较长的孔被分割成若干段，形成多个孔喉较短的孔，这使得气体进出孔裂隙的路径更短、阻力更小，更利于流体的进入。总之，随着煤的破碎，煤的损伤不断加剧，煤中孔裂隙越来越简单化，与之相应的是孔裂隙结构越来越有利于内部气体的吸附解吸和运移。而由不同粒径范围煤粉压制的型煤试样的累计进汞量没有像煤粉那样出现特别显著的"突增"或"突减"变化，而是随压制型煤的煤粉粒径的变化呈现出相对均匀的变化趋势，这是因为在型煤压制过程中有部分表面孔隙或凹陷结构重新组合，形成了新的内部孔裂隙，使得型煤内部孔裂隙结构更均匀化。从图 2-3 中还可以看出，由不同粒径煤

（a）不同粒径煤粉的照片

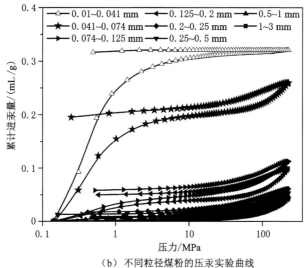

（b）不同粒径煤粉的压汞实验曲线

图 2-2　不同粒径煤粉照片及其压汞实验曲线

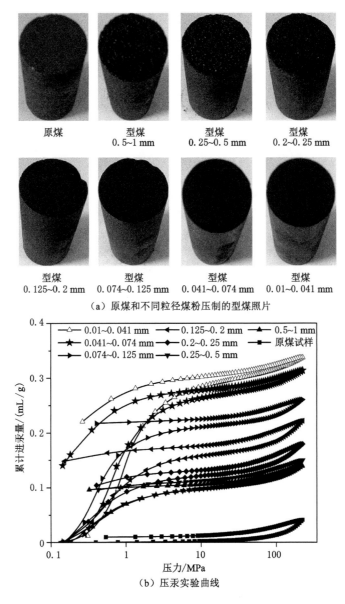

图 2-3　原煤和不同粒径煤粉压制的型煤照片及其压汞实验曲线

粉压制的型煤的累计进汞量均大于原煤,这是因为型煤是为了研究的需要而由煤粉在一定的外力下压制成型的,其密度、有效裂隙率等和原煤试样均存在一定的差别,型煤的孔裂隙体积要大于原煤试样。

2.2.2　低压氮气吸附实验

由于压汞实验在高压阶段会对煤产生压缩破坏,因此,压汞法无法有效地测得微孔和极微孔的孔隙参数。为了弥补压汞法在孔裂隙测试方面的不足之处,采用低压氮气吸附法对煤样的孔裂隙结构进行了补充测试分析。低压氮气吸附法测试孔裂隙的基本原理为[192]:以吸附性气体氮气(N_2)作为吸附质,保持温度恒定,不断升高气体压力,测试煤在不同相对压力(p/p_0)时的吸附量,可得到煤岩样品的等温吸附曲线;相反,在保持温度恒定的情况下,测试煤在不同相对压力(p/p_0)时的解吸量,可得到煤岩样品的等温解吸曲线。最终煤样的孔裂隙体积通过液态氮气的吸附量计算得到。低温(<77.15 K)、低压(<127 kPa)下,液态氮气的吸附等温线可以反映多孔介质中小孔和中孔的分布情况,一般情况下,由低压氮气吸附测试分析的多孔介质的比表面积可以通过 BET 等温吸附模型计算得到,而其体积分布情况则可以通过密度泛函理论(DFT)模型计算得到。

和压汞实验类似,本书所做的低压氮气吸附实验对象同样是不同粒径煤粉和由不同粒径煤粉压制而成的型煤以及原煤。低压氮气吸附实验采用的仪器为美国康塔仪器公司生产的全自动比表面积和微孔孔径分析仪,其基本原理是基于经典的气体吸附方法和各类结构分析模型,采用自动投气方式将吸附质气体注入置于真空环境的样品内,通过高精度压力传感器测量吸附平衡后体系内的压力变化,计算出被吸附气体在标准状态下的体积,获得待测样品的气体等温吸附曲线,然后结合结构分析模型计算样品的孔隙参数。测试结果如图 2-4 和图 2-5 所示。

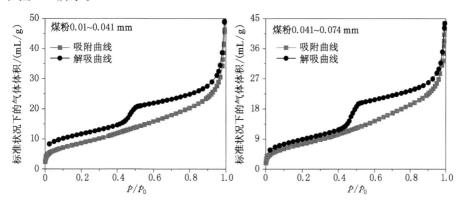

图 2-4　不同粒径煤粉的低压氮气吸附曲线

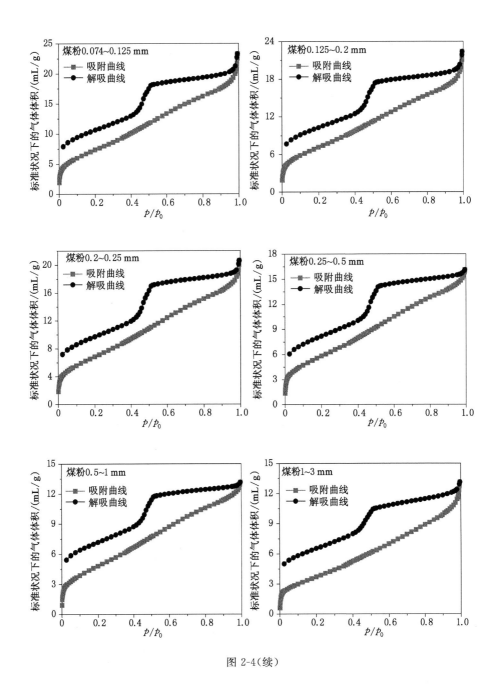

图 2-4(续)

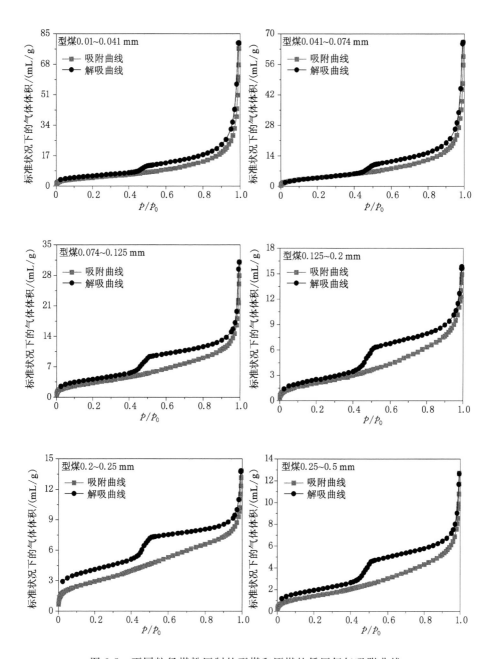

图 2-5　不同粒径煤粉压制的型煤和原煤的低压氮气吸附曲线

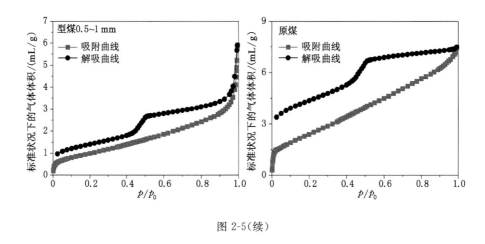

图 2-5（续）

低压氮气吸附曲线形状对应着不同的孔裂隙结构类型，由图 2-4 和图 2-5 可知，在煤粉碎过程中，煤的孔裂隙结构发生了不同程度的变化；另外，还可以发现粒径范围为 0.01～0.041 mm 和 0.041～0.074 mm 的煤粉的低压氮气吸附曲线和型煤较为相似，这说明在型煤压制成型的过程中对较小粒径的煤颗粒的破坏并不明显。从图中也可以发现，不同粒径煤粉和不同粒径煤粉压制的型煤试样的氮气吸附量明显不同，说明在型煤压制过程中煤的孔裂隙容积产生了显著的变化，这主要是因为在压制型煤的过程中煤粉受到外部高压作用后，其结构受到挤压破坏，基质孔隙和裂隙系统发生了不同程度的收缩、破裂或者重组等变化，但是在标准状况下煤粉和型煤的氮气总吸附量随粒径的变化规律是相同的。

2.2.3　二氧化碳吸附实验

低压氮气吸附实验所测得的孔隙直径最小只有 2 nm，而前人[79]的研究发现，煤中小于 2 nm 的微孔比表面积对煤的总比表面积有重要影响，因此，本书亦采用二氧化碳吸附法测试分析了不同粒径煤粉、不同粒径煤粉压制的型煤试样和原煤试样的微孔结构。由于二氧化碳吸附法主要是测试煤的微孔特性，而微孔特性对煤的吸附性能有着重要的影响，因此，通过进行煤粉、型煤和原煤的二氧化碳吸附实验，可以为分析其对瓦斯的吸附能力提供参考。在使用二氧化碳吸附法测试分析微孔时，煤的孔容和孔径利用 DFT 模型处理，而孔隙表面积则通过 BET 模型处理。二氧化碳吸附实验采用的仪器仍然为美国康塔仪器公司生产的全自动比表面积和微孔孔径分析仪，其基本原理和实验煤样在前文已经详细介绍，在此不再赘述。二氧化碳吸附法所测微孔结果如图 2-6 和图 2-7 所示。

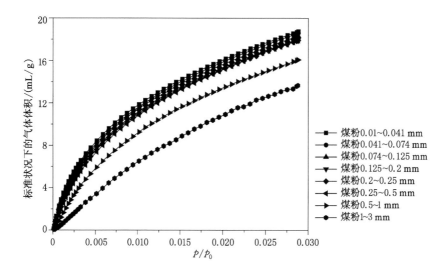

图 2-6 不同粒径煤粉的二氧化碳吸附曲线

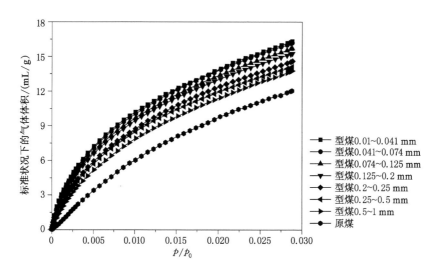

图 2-7 不同粒径型煤试样和原煤试样的二氧化碳吸附曲线

由图 2-6 和图 2-7 可以发现,不同煤样的二氧化碳测微孔结果变化趋势和低压氮气吸附法比较类似,同样是煤粉的孔容积大于由对应粒径煤粉压制而成的型煤试样以及原煤试样,但同样的,标准状况下煤粉和型煤的二氧化碳总吸附量随粒径的变化规律是相同的。从图 2-6 和图 2-7 中还可以发现,不同粒径煤粉压制的型煤试样的二氧化碳吸附曲线分布较为均匀,而煤粉的二氧化碳吸附曲线在小粒径部分呈现出簇拥状,这说明当煤粉被压制成型煤时,其重组后的煤的细观结构更加匀称,这也为后文通过由不同粒径煤粉压制的型煤试样来探讨煤的双重孔隙结构等效特征奠定了基础。

从以上三种不同的方法对煤的孔裂隙结构的测试分析中可以发现,煤粉和对应粒径煤粉压制的型煤以及原煤的孔裂隙结构测试结果的绝对值存在一定的差异。这说明不能利用煤粉的特性(比如吸附、解吸和扩散特性等)来定量地描述型煤和原煤,但是煤粉和标准煤样的孔裂隙结构测试结果具有相同的变化规律,因此,利用煤粉的特性定性地描述型煤和原煤的特性具有一定的可行性,从而为研究型煤和原煤中瓦斯的储存和运移特征奠定了基础。

2.3 煤的双重孔隙结构等效机制

煤是一种很复杂的各向异性的多孔介质体,在研究煤的瓦斯运移规律时,双重孔隙结构介质模型为国内外学者所普遍接受。在该模型中,煤被看成是由含孔隙的煤基质和切割煤基质的裂隙组成的,裂隙为游离瓦斯的赋存场所和流动通道,而孔隙内既赋存有吸附瓦斯又有游离瓦斯。在研究煤内部气体的运移规律时,学者们通常会将其双重孔隙结构简化成具有一定几何形状和尺度大小的规则模型,即将煤基质和裂隙均看作规则几何体,然后在适当的假设基础上建立符合一定规律的裂隙率和渗透率模型[193]。目前,对煤的双重孔隙结构进行简化的模型主要有平板模型、火柴杆模型、立方体模型、毛细管模型和球体模型等,其中,前三种模型最为常见,分别如图 1-3(a)、(b)、(c)所示,在此,仅以此三种模型为例来进行煤的双重孔隙结构等效机制的探讨。

2.3.1 煤的渗透率模型构建及初始渗透率测试

1. 煤的渗透率模型构建

裂隙是煤中瓦斯流动的主要通道,如果将煤假设成各向同性介质,那么可以认为煤是由许许多多形状大小均相同的基质和裂隙组成的。因此,对于单一裂隙来说,可以被简化为两个基质体中间夹着的一条缝隙,如图 2-8 所示[193],图中黑色箭头表示瓦斯流动方向。瓦斯气体在裂隙中的流通能力与裂隙两端的瓦斯压力和裂隙的宽度有密切关系。

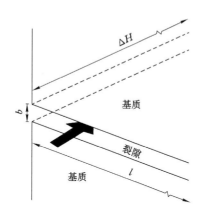

图 2-8　煤的裂隙瓦斯流动简化模型

在实际煤层中,煤的裂隙闭合程度是非常高的,特别是一些突出煤层或者构造煤赋存的煤层,渗透性很差,导致裂隙中的气体流动速度较低,基本属于层流。在早期,我国瓦斯防治工作者在进行煤层瓦斯流动研究时,大多是采用周世宁院士提出的瓦斯流动理论。周世宁院士等[48]将煤看作均匀介质,认为煤层透气性是控制瓦斯流动的主要因素,在国内首次提出煤的裂隙中的瓦斯流动规律是基本符合达西定律的。根据达西定律,煤的裂隙中的瓦斯流动速度与裂隙中瓦斯压力梯度成正相关关系[48,193],即:

$$v_{\text{Gas}} = -\frac{k}{\mu} \nabla p \tag{2-2}$$

式中　　v_{Gas}——瓦斯流动速度,m/s;

　　　　k——煤层渗透率,mD;

　　　　μ——气体动力黏度,甲烷为 1.08×10^{-5} Pa・s;

　　　　∇——哈密顿算子;

　　　　p——瓦斯压力,MPa。

结合图 2-8,上式亦可写成:

$$v_{\text{Gas}} = -\frac{k}{\mu} \frac{\Delta p}{\Delta H} \tag{2-3}$$

将煤看作由多条裂隙组成的单元体,并认为所有的裂隙间距和宽度都是相同的。假设单元体的横截面积为 A,则通过该单元体的总的流体流量为:

$$q_n = -\frac{k}{\mu}\frac{\Delta p}{\Delta H}A \tag{2-4}$$

煤层瓦斯渗流主要通过煤的裂隙系统进行,其关键因素在于裂隙的宽度。早在 20 世纪 50 年代,苏联学者就在实验室对单一裂隙中的渗流问题进行了实验研究,并根据其实验结果推出了著名的立方定律[194],认为裂隙中流体的流量与裂隙宽度的立方成正相关关系,使用数学公式可表示为:

$$q_1 = -\frac{lb^3}{12\mu}\frac{\Delta p}{\Delta H} \tag{2-5}$$

同样地,对于含有多条(n 条)裂隙且裂隙间距和宽度均相同的单元体来说,流过该单元体的流体的总流量为:

$$q_n = -\frac{nlb^3}{12\mu}\frac{\Delta p}{\Delta H} \tag{2-6}$$

联立式(2-4)和式(2-6)可得到用于描述煤的渗透率和裂隙宽度之间关系的数学表达式,即:

$$k = \frac{nl}{A}\frac{b^3}{12} = f_s\frac{b^3}{12} \tag{2-7}$$

式中　f_s——单位横截面面积上裂隙的总长度,m/m^2。

将式(2-7)分别应用于平板模型、火柴杆模型和立方体模型,可分别获得基于三种不同假设模型的渗透率计算公式,具体如下:

(1) 平板模型:$f_s = \frac{1}{a}$,此时,$k = \frac{b^3}{12a}$。

(2) 火柴杆模型:根据瓦斯流动方向的不同,可知 $f_s = \frac{1}{a}$ 或 $f_s = \frac{2}{a}$,此时,$k = \frac{b^3}{12a}$ 或 $k = \frac{b^3}{6a}$。

(3) 立方体模型:$f_s = \frac{2}{a}$,此时,$k = \frac{b^3}{6a}$。

2. 煤的初始结构渗透率测试

由上节的分析可知,若要研究煤的初始基质尺度和初始裂隙宽度,就必须采取一定的手段获得煤的初始结构渗透率。此处的初始结构渗透率是指煤的结构处于最原始状态的渗透率,即当煤不受气体吸附变形和有效应力影响时的渗透率。另外,需要特别注意的是,此处的不受有效应力影响不能单纯地理解成有效应力为 0 MPa,而是指组合成有效应力的各分项应力(即外部荷载、内部瓦斯压力等)均为 0 MPa。在进行初始结构渗透率的理论模型推导时,借助了裂隙压缩因子的理论计算方法。目前计算裂隙压缩因子时最常用的方法是反演法,即根据有效应力对渗透率的影响程度进行拟合计算的方法,其数学表达式如下[26]:

$$\frac{k}{k_0} = e^{-3C_f\left[(\bar{\sigma}-\bar{\sigma}_0)-\alpha(p-p_0)\right]}$$ (2-8)

式中　k_0——初始渗透率,mD;

C_f——裂隙压缩因子,该参数能够综合反映煤基质的吸附变形特性、初始裂隙率以及煤的弹性模量;

$\bar{\sigma}$——平均应力,MPa;

$\bar{\sigma}_0$——初始平均应力,MPa;

α——有效应力毕渥(Biot)系数;

p——气体平衡压力,MPa;

p_0——初始气体平衡压力,MPa。

对式(2-8)两边取对数,整理可得:

$$\ln k = \ln k_0 - 3C_f\left[(\bar{\sigma}-\bar{\sigma}_0)-\alpha(p-p_0)\right]$$ (2-9)

由式(2-9)可知,在任意条件下获得的煤的渗透率都可以当作其他条件下的初始渗透率,并且其大小取对数之后与有效应力呈现线性关系,但是初始结构渗透率却只有一个,那就是当煤不受外部应力和内部气体压力等作用时的渗透率,从理论上来讲,此时 $\bar{\sigma}=\bar{\sigma}_0=0$ MPa 且 $p=p_0=0$ MPa。根据目前的实验技术手段,初始结构渗透率在实验室是无法直接获得的,因为在测试渗透率时必须要用到具有一定压力的气体,而为了密封气体,又必须加上一定的围压,且围压要大于内部气体压力,所以只有在式(2-9)的基础上进行反演并结合实验数据来拟合推算。在理论推算和实验室实验时,发现让外部应力和内部气体压力两个参数同时为 0 是无法实现的,因此,为了简化计算并尽可能地减少数据分析的误差,在测试时保持气体压力处在一个极小(接近于 0 MPa)的数值,本书选择气体压力为 0.01 MPa。如此一来,实验时的有效应力基本上等于外部应力,而在反演时就可以获得煤的初始结构渗透率。

在采用实验手段进行初始结构渗透率反演时,为了排除煤基质吸附变形的影响,选择非吸附性气体氦气(He)作为测试气体。对实验获得的渗透率数值取对数,并作出 $\ln k$ 和有效应力的关系图,然后对数据点进行线性拟合,如图 2-9 所示。根据图 2-9 发现,$\ln k$ 和有效应力之间呈现出非常好的线性关系。由此反演获得的不同煤样的初始结构渗透率测定结果如表 2-3 所示。

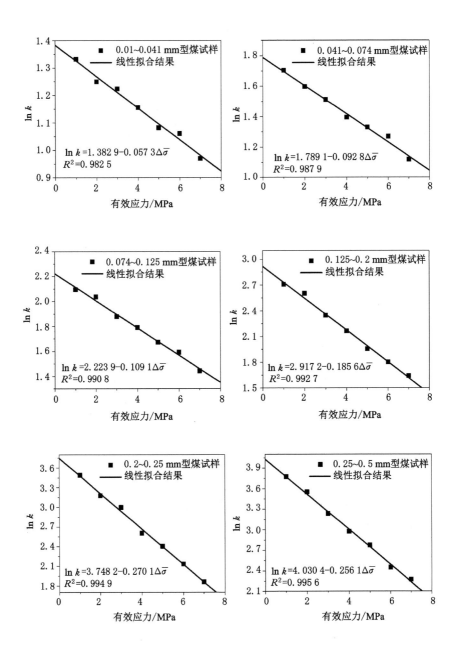

图 2-9　煤的渗透率与有效应力关系

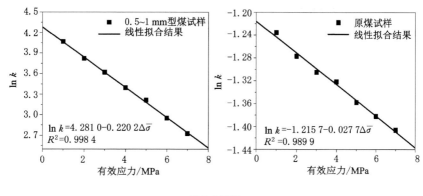

图 2-9(续)

表 2-3　煤样的初始结构渗透率测定结果

煤样	粒径/mm	拟合关系	$\ln k_0$	初始结构渗透率/mD
型煤	0.01~0.041	$\ln k = 1.382\ 9 - 0.057\ 3\Delta\bar{\sigma}$	1.382 9	3.986 1
	0.041~0.074	$\ln k = 1.789\ 1 - 0.092\ 8\Delta\bar{\sigma}$	1.789 1	5.984 1
	0.074~0.125	$\ln k = 2.223\ 9 - 0.109\ 1\Delta\bar{\sigma}$	2.223 9	9.243 3
	0.125~0.2	$\ln k = 2.917\ 2 - 0.185\ 6\Delta\bar{\sigma}$	2.917 2	18.489 4
	0.2~0.25	$\ln k = 3.748\ 2 - 0.270\ 1\Delta\bar{\sigma}$	3.748 2	42.444 6
	0.25~0.5	$\ln k = 4.030\ 4 - 0.256\ 1\Delta\bar{\sigma}$	4.030 4	56.283 4
	0.5~1	$\ln k = 4.281\ 0 - 0.220\ 2\Delta\bar{\sigma}$	4.281 0	72.312 7
原煤	—	$\ln k = -1.215\ 7 - 0.027\ 7\Delta\bar{\sigma}$	-1.215 7	0.296 5

从表 2-3 可以发现,原煤试样的初始结构渗透率为 0.296 5 mD,比型煤试样的初始结构渗透率小 1~2 个数量级。由于初始结构渗透率是在煤不受任何外部应力、气体压力和吸附变形条件下的渗透率,因此它对于研究煤层初始渗透率具有至关重要的作用。从表 2-3 中还可以发现,型煤试样的初始结构渗透率随着压制型煤所用煤粉粒径的增大而增大,这表明虽然通过型煤试样的渗透率预测现场煤层的渗透性存在较大的误差,但是型煤试样细观结构的相对均匀性可以非常好地帮助认识煤的双重孔隙结构特征及瓦斯流动特征。

2.3.2　煤的裂隙率模型构建及孔、裂隙尺度判定

1. 煤的裂隙率模型构建

为了对煤的双重孔隙结构进行等效,以其中一个基质和它周围的裂隙组成

的几何空间为例,如图 2-10 所示。在图 2-10 中,实线围成的深色部分表示基质体,尺寸分别为 a_1、a_2、a_3;虚线围成的浅色部分代表裂隙空间,四周宽度均为 $b/2$。假设基质体的体积为 V_m,裂隙空间的体积为 V_f。

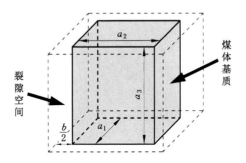

图 2-10 煤的裂隙率等效模型

根据裂隙率 ϕ_f 的定义可知:

$$\phi_f = \frac{V_f}{V_f + V_m} \tag{2-10}$$

由图 2-10 中基质和裂隙的等效尺度可知:

$$\begin{cases} V_m = a_1 a_2 a_3 \\ V_f = (a_1+b)(a_2+b)(a_3+b) - a_1 a_2 a_3 \end{cases} \tag{2-11}$$

将式(2-11)代入式(2-10)中可得:

$$\phi_f = \frac{(a_1+b)(a_2+b)(a_3+b) - a_1 a_2 a_3}{(a_1+b)(a_2+b)(a_3+b)} \tag{2-12}$$

由于煤的裂隙尺度远小于基质尺度,即 $b \ll a_1, a_2, a_3$,因此,上式可以作如下简化整理:

$$\phi_f = b\left(\frac{1}{a_1} + \frac{1}{a_2} + \frac{1}{a_3}\right) \tag{2-13}$$

将式(2-13)分别应用于平板模型、火柴杆模型和立方体模型,可分别获得基于三种不同假设模型的裂隙率计算公式,具体如下:

(1) 平板模型: $\phi_f = \dfrac{b}{a}$。

(2) 火柴杆模型: $\phi_f = \dfrac{2b}{a}$。

(3) 立方体模型: $\phi_f = \dfrac{3b}{a}$。

2. 煤的孔裂隙尺度判定

通过上一小节对煤的裂隙率模型的计算可以发现,煤的孔裂隙尺度的选择直接关系到裂隙率的计算结果,进而影响到对煤基质的定量描述,因此,对煤中孔、裂隙尺度的判定是至关重要的。

众所周知,煤储层最大的特点就是非均质、非连续、各向异性,其内部遍布着非常广泛的宏观裂隙、微观裂隙和孔隙。煤储层中煤层气的吸附、解吸和运移规律受到其孔裂隙结构的直接影响。煤储层中裂隙和孔隙结构的分布是极其复杂的,使用传统的几何方法对其描述已经存在相当大的困难,虽然以往众多学者对煤中孔隙和裂隙进行了不同的成因分类和大小分级,但是也仅仅是从一个方面或一个局部对其进行定量描述,而未从整体上去把握。为了描述这一类的非线性科学的数学问题,学者们[195]提出了分形几何学的概念。分形几何是根据分数维对自然界不规则的规则事物进行定量描述,并在更深层次上揭示出自然界所遵循的"自相似性"(self-similar)规律,也就是通常所说的"尺度对称性"或"尺度变换不变性"规律[192]。如今,这一理论已经被国内众多学者[196-198]引入岩石力学学科。在前人研究的基础上,本书意在通过煤的双重孔隙结构测试分析结果获得煤的分形特征来探究煤的孔裂隙尺度的判定依据。

对于通过压汞实验数据计算煤的孔裂隙的分形特征来说,虽然采用的方法不尽相同,但是最终都是通过 Washburn 方程构建了双对数方程用于描述进汞体积与进汞压力之间的关系,具体如式(2-14)所示[192]。

$$\ln\left[\frac{\mathrm{d}V_{p(r)}}{\mathrm{d}p(r)}\right] \propto (4-d_1)\ln r \propto (d_f-4)\ln p(r) \tag{2-14}$$

式中　$p(r)$——对应孔径为 r_{Hg} 时的外部进汞压力,MPa;

　　　　$V_{p(r)}$——在压力为 $p(r)$ 时的进汞总体积,mL;

　　　　r——煤样孔径,nm;

　　　　d_1、d_f——孔裂隙的分形维数,无量纲。

通过式(2-14)可知,由 $\ln[\mathrm{d}V_{p(r)}/\mathrm{d}p(r)]$ 与 $\ln p(r)$ 作散点图,然后拟合直线,即可得到斜率 K_{ss},其中 $K_{ss}=d_f-4$,于是 $d_f=4+K_{ss}$。根据分形几何学理论可知,煤的分形维数应该在 2~3。其中,分形维数越接近 2,煤的孔裂隙表面越平滑;越接近 3,煤的孔裂隙表面越粗糙。根据分形几何理论获得的不同粒径煤粉、型煤和原煤的孔裂隙结构数据如图 2-11 和图 2-12 所示。

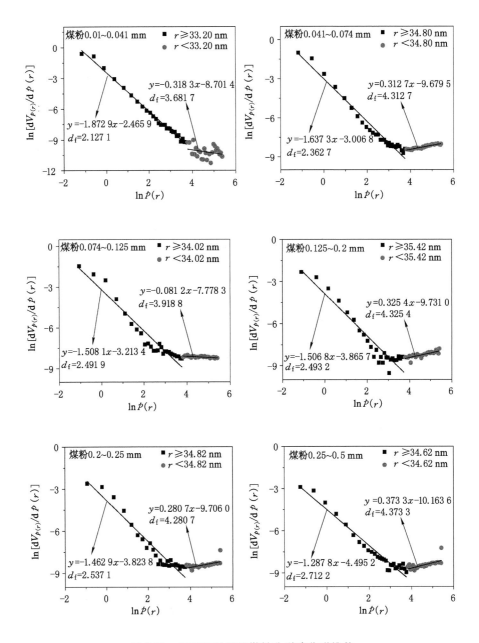

图 2-11 压汞法测得的煤粉孔裂隙分形维数

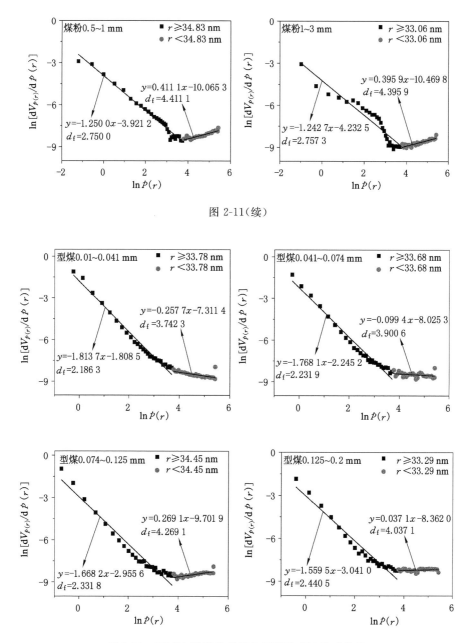

图 2-11（续）

图 2-12　压汞法测得的型煤和原煤孔裂隙分形维数

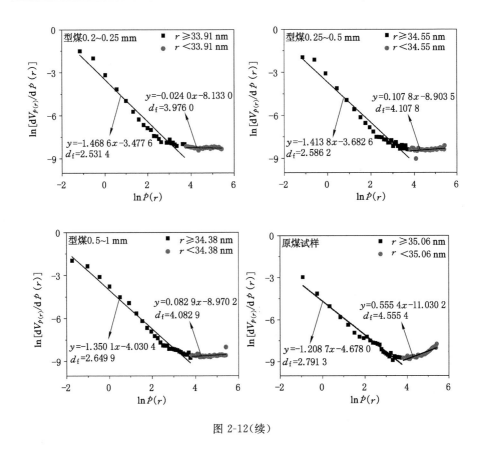

图 2-12（续）

通过图 2-11 和图 2-12 可以发现，不管是煤粉还是型煤或者原煤，其分形特征曲线均表现出分段现象。根据图中所反映的现象，可以将煤的分形特征分成低压段和高压段两部分，其中，低压段对应较大的孔裂隙宽度，高压段对应较小的孔裂隙宽度。将图 2-12 和图 2-13 中的分形维数数据进行整理，得到对应的分形维数汇总表，见表 2-4 和表 2-5。

从图 2-11 和图 2-12 以及表 2-4 和表 2-5 中可以看出，不同粒径煤粉、由不同粒径煤粉压制成的型煤试样以及原煤试样的分形规律存在如下特点：

（1）无论是煤粉还是由不同粒径煤粉压制成的型煤试样或者原煤试样，其压汞实验低压段获得的 $\ln[dV_{p(r)}/dp(r)]$ 与 $\ln p(r)$ 的数据点均呈现线性关系，使用直线进行拟合时，均可得到较高的拟合相关性系数；而对于高压段来说，数据点十分密集，呈现出聚集性状态，在进行线性拟合时，得到的拟合相关性系数均较低。

表 2-4　压汞法测得的煤粉孔隙分形维数汇总表

压力段	粒径/mm	孔径范围/nm	斜率	分形维数	R^2
低压段	0.01～0.041	≥33.20	−1.872 9	2.127 1	0.994 1
	0.041～0.074	≥34.80	−1.637 3	2.362 7	0.971 4
	0.074～0.125	≥34.02	−1.508 1	2.491 9	0.936 6
	0.125～0.2	≥35.42	−1.506 8	2.493 2	0.907 8
	0.2～0.25	≥34.82	−1.462 9	2.537 1	0.935 0
	0.25～0.5	≥34.62	−1.287 8	2.712 2	0.958 9
	0.5～1	≥34.83	−1.250 0	2.750 0	0.983 5
	1～3	≥33.06	−1.242 7	2.757 3	0.914 9
高压段	0.01～0.041	6.53～<33.20	−0.318 3	3.681 7	0.071 9
	0.041～0.074	6.52～<34.80	0.312 7	4.312 7	0.908 7
	0.074～0.125	6.56～<34.02	−0.081 2	3.918 8	0.460 6
	0.125～0.2	6.56～<35.42	0.325 4	4.325 4	0.657 7
	0.2～0.25	6.56～<34.82	0.280 7	4.280 7	0.361 1
	0.25～0.5	6.54～<34.62	0.373 3	4.373 3	0.457 0
	0.5～1	6.50～<34.83	0.411 1	4.411 1	0.851 3
	1～3	6.54～<33.06	0.395 9	4.395 9	0.814 9

表 2-5　压汞法测得的型煤和原煤孔隙分形维数汇总表

压力段	粒径/mm	孔径范围/nm	斜率	分形维数	R^2
低压段	0.01～0.041	≥33.78	−1.813 7	2.186 3	0.983 8
	0.041～0.074	≥33.68	−1.768 1	2.231 9	0.978 5
	0.074～0.125	≥34.45	−1.668 2	2.331 8	0.961 6
	0.125～0.2	≥33.29	−1.559 5	2.440 5	0.955 5
	0.2～0.25	≥33.91	−1.468 6	2.531 4	0.951 3
	0.25～0.5	≥34.55	−1.413 8	2.586 2	0.959 5
	0.5～1	≥34.38	−1.350 1	2.649 9	0.978 4
	原煤	≥35.06	−1.208 7	2.791 3	0.969 3

表 2-5(续)

压力段	粒径/mm	孔径范围/nm	斜率	分形维数	R^2
高压段	0.01～0.041	6.50～<33.78	−0.257 7	3.742 3	0.395 9
	0.041～0.074	6.50～<33.68	−0.099 4	3.900 6	0.082 2
	0.074～0.125	6.55～<34.45	0.269 1	4.269 1	0.607 8
	0.125～0.2	6.47～<33.29	0.037 1	4.037 1	0.037 9
	0.2～0.25	6.52～<33.91	−0.024 0	3.976 0	0.041 1
	0.25～0.5	6.50～<34.55	0.107 8	4.107 8	0.136 9
	0.5～1	6.56～<34.38	0.082 9	4.082 9	0.106 2
	原煤	6.56～<35.06	0.555 4	4.555 4	0.846 4

(2) 对于不同粒径煤粉来说,低压段和高压段的分界点在 ln $p(r)=$ 3.726 3～3.795 1 时,对应的压力范围是 41.523 5～44.484 6 MPa,而对应的孔径范围为 33.06～35.42 nm;对于不同粒径煤粉压制的型煤,低压段和高压段的分界点在 ln $p(r)=$3.751 1～3.788 5 时,对应的压力范围是 42.567 9～44.188 4 MPa,而对应的孔径范围为 33.29～34.55 nm;原煤试样低压段和高压段的分界点在 ln $p(r)=$3.736 5 时,对应的压力是 41.948 9 MPa,而对应的孔径为 33.20 nm。

(3) 对于不同粒径煤粉来说,通过线性拟合分别获得了低压段和高压段的分形维数。从获得的分形维数的结果可以发现,对于不同粒径煤粉来说,低压段的分形维数范围为 2.127 1～2.757 3,均处于 2～3,符合分形理论的基本概念;而高压段的分形维数范围为 3.681 7～4.411 1,均大于 3,大部分甚至超过 4,不符合分形理论的基本原则。对于不同粒径煤粉压制的型煤来说,低压段的分形维数范围为 2.186 3～2.649 9,均处于 2～3;而高压段的分形维数范围为 3.742 3～4.269 1,均大于 3,同样有大部分超过 4。原煤试样低压段分形维数为 2.791 3,处于 2～3;而高压段的分形维数为 4.555 4,远大于 3。根据前人[199]的研究可知,这是因为在压汞实验的高压段,由于进汞压力过大,使得煤被强力压缩而引起结构严重变形甚至坍塌破坏。所以,对于压汞实验来说,高压段的数据不具有实际参考价值。

(4) 对于不同粒径的煤粉来说,随着粒径的增大,分形维数不断增大,这说明煤的粒径越大,其孔裂隙越复杂,表面粗糙度也越高;对于原煤和不同粒径煤粉压制的型煤来说,同样是分形维数随着煤粉粒径的增大而增大,原煤的分形维数最大。

（5）对于同一粒径的煤粉来说，其分形维数与使用该煤粉压制的型煤的分形维数均有少许差异，这说明在型煤压制的过程中，煤的结构受到外力作用而发生一定程度的变形或破坏。

傅雪海等[138,195]通过研究发现，在使用压汞实验结果对煤的孔容和孔径结构进行分形分析时，可以按照其分形特性对煤的扩散孔隙（即孔隙）和渗流孔隙（即裂隙）进行分类研究。按照该思想，将分形特性发生突变的点所对应的孔径作为分界点，大于该孔径的为裂隙空间，小于该孔径的为孔隙空间。由于压汞实验得到的小于分界点的孔隙受高压压缩破坏较为严重，因此，对于孔隙空间来说，采用低压氮气吸附法和二氧化碳吸附法测得的实验数据进行补充并分析讨论。另外，由于渗透率在实验室只能通过型煤和原煤试样测试获取，因此，只针对型煤和原煤试样的孔裂隙结构进行分析。

在实验室，测试分析了原煤试样和由不同粒径煤粉压制成的型煤试样的真密度和视密度，同时又通过压汞实验、低压氮气吸附实验和二氧化碳吸附实验测试分析了原煤试样和不同粒径煤粉压制的型煤试样的孔裂隙结构特征，综合三种测试分析结果并结合上述对孔裂隙分界点的分析讨论结果，即可获得原煤试样和由不同粒径煤粉压制成的型煤试样的孔裂隙结构参数，如表 2-6 所示。

表 2-6　不同粒径煤粉压制的型煤试样和原煤试样的孔裂隙结构参数

煤样	粒径 /mm	视密度 /(g/cm³)	裂隙体积 /(cm³/g)	孔隙体积 /(cm³/g)	裂隙率	孔隙率
型煤	0.01~0.041	1.22	0.303 9	0.100	0.370 8	0.122 0
	0.041~0.074	1.22	0.278 2	0.091	0.339 4	0.111 0
	0.074~0.125	1.20	0.220 3	0.073	0.264 4	0.087 6
	0.125~0.2	1.21	0.170 5	0.063	0.206 3	0.076 2
	0.2~0.25	1.19	0.131 9	0.063	0.157 0	0.075 0
	0.25~0.5	1.20	0.107 9	0.057	0.129 5	0.068 4
	0.5~1	1.18	0.106 0	0.052	0.125 1	0.061 4
原煤	—	1.37	0.005 9	0.054	0.008 1	0.074 0

从表 2-6 中可以发现，型煤试样的裂隙率和孔隙率均随着压制型煤试样的煤粉粒径的增大而减小，而原煤试样的孔隙率和型煤试样的孔裂隙基本处于相同的数量级，但其裂隙率却比型煤试样的裂隙率小了两个数量级。由于裂隙是煤的瓦斯渗流的主要空间，因此，这也从一定程度上解释了原煤试样渗透率远小于型煤

试样渗透率的原因。

2.3.3 煤的双重孔隙结构特征定量表征

煤的双重孔隙结构等效特征的定量描述对于更好地认识煤中瓦斯的流动有十分重要的意义。因为一旦获得了煤的双重孔隙结构等效特征,在构建煤的渗透率模型时就可以将煤的基质和裂隙结构特征考虑进去,而且在进行渗透率模型解算时也可以更准确地赋予其初始值,比如初始裂隙率、初始结构渗透率等。另外,由于在进行火柴杆模型和平板模型中的渗透率和裂隙率计算时需要考虑瓦斯流动的方向问题及模型的各向异性问题,因此,在本书的研究中均采用立方体模型进行分析。

将上面求取立方体模型的渗透率和裂隙率方程联立,即可求得描述煤的双重孔隙结构等效特征(即等效基质尺度和等效裂隙宽度)的计算方程,如式(2-15)所示。

$$\begin{cases} a = \dfrac{9}{\phi_f} \sqrt{\dfrac{2k}{\phi_f}} \\ b = 3\sqrt{\dfrac{2k}{\phi_f}} \end{cases} \tag{2-15}$$

因此,在已知煤的初始结构渗透率和初始裂隙率的情况下,即可利用式(2-15)求得煤的初始等效裂隙宽度和初始等效基质尺度。对于本书中所使用的原煤试样和由不同粒径煤粉压制成的型煤试样来说,其初始等效裂隙宽度和初始等效基质尺度计算结果如表2-7所示。

表 2-7　煤样的双重孔隙结构等效尺度汇总表

煤样	粒径 /mm	裂隙率	初始结构渗透率 /mD	等效基质尺度 /mm	等效裂隙宽度 /μm
型煤	0.01~0.041	0.370 8	3.986 1	0.003 5	0.432 6
	0.041~0.074	0.339 4	5.984 1	0.004 9	0.554 4
	0.074~0.125	0.264 4	9.243 3	0.008 9	0.784 4
	0.125~0.2	0.206 3	18.489 4	0.018 3	1.258 4
	0.2~0.25	0.157 0	42.444 6	0.041 9	2.192 8
	0.25~0.5	0.129 5	56.283 4	0.064 4	2.779 9
	0.5~1	0.125 1	72.312 7	0.076 9	3.206 7
原煤	—	0.008 1	0.296 5	0.269 6	0.727 9

　　从表 2-7 可知,型煤试样的等效基质尺度和等效裂隙宽度随着压制型煤试样的煤粉粒径的增大而增大,而原煤试样的等效基质尺度则分别是型煤试样(所用煤粉粒径从小到大)等效基质尺度的 77.03 倍、55.02 倍、30.29 倍、14.73 倍、6.43 倍、4.19 倍和 3.51 倍,等效裂隙宽度分别是型煤试样(所用煤粉粒径从小到大)等效裂隙宽度的 1.68 倍、1.31 倍、93%、58%、33%、26% 和 23%。从前文中渗透率模型的推导结果可知,煤的渗透率是基质尺度和裂隙宽度共同作用的结果,二者缺一不可。

第3章 煤的吸附解吸特性及基质内瓦斯的运移规律

    煤是一种多孔介质,其内部孔裂隙体积和比表面积巨大,因此可以储存大量的瓦斯。煤中的瓦斯主要有两种赋存形式,即吸附态和游离态。研究表明,煤中80%～90%的瓦斯均处于吸附态[10]。在原始煤层中,瓦斯处于动态的吸附平衡状态。当煤层受到采动影响时,煤层的完整性遭到破坏,打破了煤中瓦斯的动态吸附平衡状态,引起煤中的瓦斯解吸。这不仅会引起煤与瓦斯突出事故,同时解吸出来的瓦斯在巷道中慢慢积聚,使得巷道中瓦斯浓度增加,可能造成瓦斯爆炸事故[200-201]。在传统的双重孔隙结构模型中,煤的裂隙瓦斯压力和孔隙瓦斯压力是煤的有效应力的重要组成部分,而且煤的孔隙对瓦斯气体的吸附作用也在很大程度上影响着煤基质的膨胀变形特性[26]。另外,在煤层气开发过程中,瓦斯的解吸和流动特性直接关系到气体的产量和开采的难易程度。因此,研究煤的瓦斯吸附解吸及运移特性具有重要的现实意义。

3.1 煤的瓦斯吸附特征

    在实验室进行煤的力学实验和渗透实验时,均是采用标准煤样(ϕ50 mm×100 mm),即通常所说的型煤和原煤,而型煤和原煤因其形状大小和吸附平衡时间的关系并不方便进行吸附解吸实验。在双重孔隙结构模型中,煤中瓦斯的吸附解吸最终都可以归结为瓦斯在煤中基质孔隙内表面的吸附和脱附,而若要在宏观上进行测试,必须经过基质孔隙瓦斯的扩散和裂隙瓦斯的渗流,如图3-1所示[184]。因此,孔裂隙结构是影响煤中瓦斯吸附解吸和运移特性的主要因素。从第2章煤的双重孔隙结构测试分析结果可知,虽然煤粉和对应粒径煤粉压制而成的型煤以及原煤的孔裂隙结构测试结果的绝对值存在一定的差异,但是标准煤样和煤粉的孔裂隙结构测试结果具有相同的变化规律,因此,煤粉的瓦斯吸附解吸和运移特性与标准煤样也应该有相同的变化规律,那么,在分析煤的力学特性和渗透性能时就可以利用煤粉的瓦斯吸附解吸和运移特性来定性地表征对应粒径煤粉压制而成的型煤以及原煤的性质。

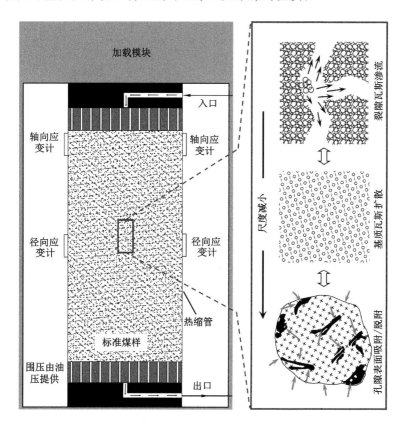

图 3-1　实验室条件下标准煤体试样内部瓦斯运移过程[184]

　　煤对瓦斯的吸附属于物理吸附,主要表现为瓦斯分子密集地聚集在煤的基质孔隙的表面。煤吸附瓦斯时,其吸附力为范德瓦耳斯力,煤对瓦斯吸附量的大小主要取决于煤的温度、基质孔隙内表面积以及瓦斯压力等因素。煤吸附瓦斯是一个放热过程,研究表明,每一克瓦斯分子被煤吸附时将会释放出 10～20 kJ 的热量[8]。甲烷是煤层瓦斯的主要成分,一般其占比大于 80%。而对于甲烷这种气体来说,煤除了对其有吸附作用外,还存在着吸收现象。所谓吸收是指部分甲烷分子进入煤内部较深,达到了与煤分子晶格相融合的程度,形成了固溶体状态。除了甲烷以外,二氧化碳进入煤后也会有部分形成固溶体状态[8]。吸附与吸收最大的差别就在于平衡时间的长短和对煤的结构的影响,前者的平衡时间相对较短,但是煤吸收甲烷分子后的体积膨胀量会更大。本书中并不单独研究煤对甲烷分子的吸收现象,而是将其与吸附现象归为一体,统称为吸附。

3.1.1 煤的等温吸附实验

为了研究煤的吸附特征,一般情况下,是将现场取到的煤样置于瓦斯气体环境中,使其达到吸附平衡,然后测试其在特定的吸附平衡压力下的瓦斯吸附量。为了缩短吸附平衡时间,通常是将现场取到的原始煤体粉碎并筛分成特定尺度大小的煤颗粒[25],本书进行煤的等温吸附实验时选用的煤粒尺寸分别为0.01～0.041 mm、0.041～0.074 mm、0.074～0.125 mm、0.125～0.2 mm、0.2～0.25 mm、0.25～0.5 mm、0.5～1 mm 和 1～3 mm。

本书的等温吸附实验是采用容量法进行的,温度恒定为 30 ℃,所用气体为纯度大于 99.99％的甲烷。实验参考的标准为《煤的甲烷吸附量测定方法(高压容量法)》(MT/T 752—1997)和《煤的高压等温吸附试验方法》(GB/T 19560—2008)。实验设备为 HCA-1 型高压容量法甲烷吸附测定装置,如图 3-2 所示。

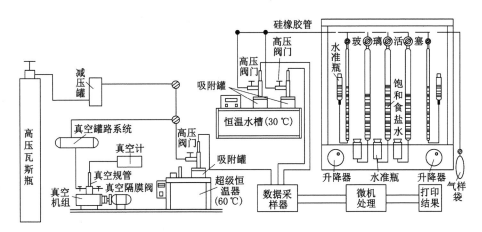

图 3-2　HCA-1 型高压容量法甲烷吸附测定装置

3.1.2 煤的瓦斯等温吸附曲线

在一定条件下,当固体和气体的混合系统处在温度恒定的环境中时,其吸附作用势也是恒定的。此时,固体对气体的吸附量与气体的压力呈现一定的函

数关系,即[202]:

$$V = f(p)_T \tag{3-1}$$

式中　V——气体吸附量,m^3/t;

　　　p——气体吸附平衡压力,MPa;

　　　T——温度,℃。

　　上述关系式即为等温吸附方程,或者说是吸附等温线,通常用其来描述固体对气体的等温吸附特征。固体对气体的吸附类型复杂多样,一些学者根据实际的研究将固体对气体的吸附等温线进行了分类整理归纳,最终归为五大类,即图 3-3 中的Ⅰ～Ⅴ类吸附等温线,这就是通常所说的 BDDT 分类方法[202]。后来,S.Kondo 等[202]又在此基础上添加了一条阶梯形的吸附等温线,即第六类吸附等温线,如图 3-3 中的Ⅵ类吸附等温线。实际中,所见到的各种吸附等温线基本上都可以看作这六类等温线中的一种或者几种的组合。

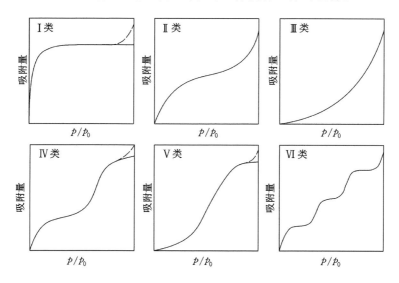

图 3-3　吸附等温线的类型[202]

　　虽然煤对瓦斯的吸附等温线类型是相似的,但是不同变质程度的煤、不同的吸附平衡压力、不同的煤样粒径等还是会对吸附等温线的具体形状产生不同程度的影响。因此,选择合适的数学模型来描述煤对瓦斯的吸附等温线对于研究煤的瓦斯吸附性能是至关重要的。目前,文献中常见的比较有代表性的用于描述多孔介质的吸附等温线的数学模型主要有 D-R 模型、D-A 模型、BET 模型以及朗缪尔模型等[203],在此,分别对这几种模型进行简单的描述。

（1）D-R 模型

D-R 模型[204]是 M. M. Dubinin 和 L. V. Radushkevich 根据低压区的吸附等温线提出的求取微孔孔容的方法，其数学表达式为：

$$V = V_h e^{-D_a \left(\ln \frac{p_0}{p} \right)^2}$$ (3-2)

式中 V——在某一温度下，吸附平衡瓦斯压力为 p 时，单位质量多孔介质吸附的气体量，m^3/t；

V_h——微孔体积，m^3/t；

p_0——饱和蒸气压，甲烷在 30 ℃时的虚拟饱和蒸气压为11.687 2 MPa；

D_a——与净吸附热相关的常数。

（2）D-A 模型

基于吸附势理论，在 D-R 模型的基础上，M. M. Dubinin 和 V. A. Astakhov 提出了适用范围更加广泛的 D-A 吸附模型[205]，其数学表达式为：

$$V = V_h e^{-D_a \left(\ln \frac{p_0}{p} \right)^n}$$ (3-3)

式中 n——拟合参数。

（3）BET 模型

BET 模型[206]是由 S. Brunauer、P. H. Emmett 和 E. Teller 于 1938 年提出的多分子层吸附理论获得，其数学表达式为：

$$V = \frac{V_w C_w p}{(p_0 - p) \left[1 + \frac{(C_w - 1) p}{p_0} \right]}$$ (3-4)

式中 V_w——单分子层饱和吸附量，m^3/t；

C_w——与吸附热有关的常数。

（4）朗缪尔模型

朗缪尔模型[207]是化学家朗缪尔在 1918 年根据多孔介质对气体的单分子层吸附理论提出的，其数学表达式为：

$$V = \frac{V_L p}{p_L + p}$$ (3-5)

式中 V_L——朗缪尔体积，即单位质量多孔介质对气体的最大吸附量，m^3/t；

p_L——朗缪尔压力，表示多孔介质的吸附量为其最大吸附量一半时对应的气体压力，即 $V = V_L/2$ 时，$p = p_L$，MPa。

根据以上不同的吸附等温线模型,分别对不同粒径煤样的吸附实验数据进行了拟合,结果如图 3-4 和表 3-1 所示。

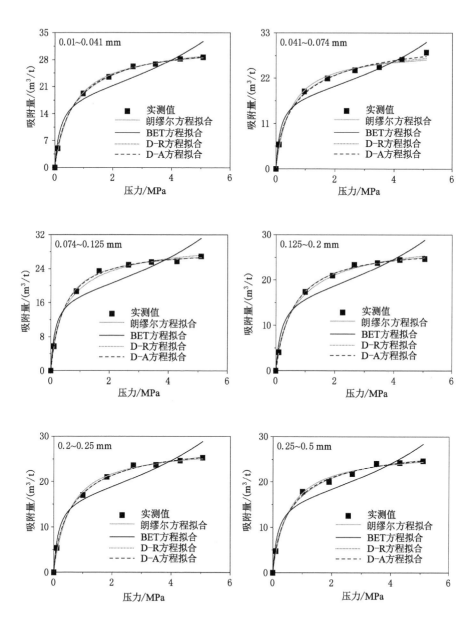

图 3-4　不同粒径煤的吸附等温线拟合结果

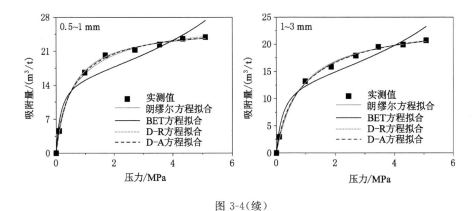

图 3-4（续）

表 3-1 不同吸附模型的拟合结果及精度

煤样粒径 /mm	D-R 模型			D-A 模型			
	$V_h/(m^3/t)$	D_a	R^2	$V_h/(m^3/t)$	D_a	n	R^2
0.01～0.041	30.499 8	0.077 5	0.999 4	29.957 5	0.063 9	2.140 9	0.999 7
0.041～0.074	28.133 4	0.068 1	0.998 5	29.051 7	0.085 5	1.858 8	0.996 6
0.074～0.125	28.438 5	0.064 9	0.995 4	27.172 1	0.033 1	2.476 9	0.998 7
0.125～0.2	26.766 5	0.076 1	0.997 2	25.633 3	0.044 9	2.386 1	0.999 4
0.2～0.25	26.696 7	0.071 5	0.998 8	26.594 3	0.068 6	2.029 7	0.998 8
0.25～0.5	26.080 6	0.071 9	0.996 9	25.629 1	0.058 9	2.141 4	0.997 2
0.5～1	25.203 6	0.070 8	0.997 6	24.464 4	0.048 9	2.265 9	0.998 7
1～3	21.925 9	0.087 4	0.998 8	21.918 2	0.088 6	1.985 7	0.998 8

煤样粒径 /mm	BET 模型			朗缪尔模型		
	$V_w/(m^3/t)$	C_w	R^2	$V_L/(m^3/t)$	p_L/MPa	R^2
0.01～0.041	18.914 3	65.763 0	0.953 9	32.185 2	0.645 3	0.999 1
0.041～0.074	17.600 4	84.345 1	0.959 7	29.029 5	0.504 5	0.995 5
0.074～0.125	17.815 7	87.433 5	0.927 9	28.931 9	0.437 9	0.998 5
0.125～0.2	16.697 1	65.201 3	0.940 4	27.917 6	0.596 1	0.999 2
0.2～0.25	16.636 9	77.418 5	0.951 3	27.887 6	0.568 5	0.996 3
0.25～0.5	16.249 7	74.696 6	0.950 8	27.042 5	0.546 1	0.996 3
0.5～1	15.666 7	76.884 1	0.946 4	26.067 8	0.529 7	0.998 4
1～3	13.470 3	54.548 9	0.967 5	23.877 3	0.931 8	0.997 8

从图 3-4 和表 3-1 可知,D-R 模型、D-A 模型和朗缪尔模型对不同粒径煤吸附数据的拟合效果较好,均在 0.995 以上,而 BET 模型的拟合结果则相对较差。因此,在一定程度上,D-R 模型、D-A 模型和朗缪尔模型均可以定量描述煤的吸附特性。从 D-R 模型、D-A 模型和朗缪尔模型的拟合精度来看,三者几乎相同,并且基本上 D-A 模型和 D-R 模型拟合获得的微孔体积 V_h 略小于朗缪尔模型拟合获得的极限吸附量 V_L,这说明甲烷被煤吸附时发生了小部分的微孔填充现象。

通过以上实验测试结果和分析可知,煤对瓦斯的吸附特性受煤本身的性质影响是比较大的。虽然 D-R 模型、D-A 模型和朗缪尔模型均可以很好地描述其吸附特性,但是朗缪尔模型因其形式比较简单并且其拟合参数 V_L、p_L 均有很明确的物理意义而广受学者们的青睐,因此,在后文的分析讨论中,主要还是在朗缪尔模型的基础上展开。

3.1.3 煤的粒径对等温吸附特征的影响

就粒径对瓦斯吸附性能的影响方面,许多学者进行过广泛的探讨分析,一些学者根据实验现象和理论分析认为粒径对朗缪尔常数中的 V_L 影响不大,但是会对朗缪尔常数中的 p_L 产生一定程度的影响[208],许多学者[79,189,192]研究发现,煤的微孔孔容和比表面积在一定程度上决定了煤的吸附性能,从第 2 章的孔隙结构分析可知,微孔会随着粒径产生变化,因此,吸附性能也应该会随着粒径的不同而不同。本书在朗缪尔模型的基础上,对不同粒径煤的吸附等温线进行了归纳整理,结果如图 3-5(a)所示。

从图 3-5(a)可以发现,随着粒径的增大,吸附量呈现降低的趋势,这与前人[62,209]的实验结果相同,其原因正如前文所述,在粉碎过程中,煤中的封闭孔隙不断地转化成开放孔,极大地改变了其内部基质孔隙结构,使得煤基质中与吸附密切相关的微孔(<2 nm)比表面积增大,增加了可供瓦斯气体分子吸附的面积,如图 3-5(b)所示。但是随着煤的粒径的增大,吸附等温线基本上又分成四个不同的阶段,粒径范围为 0.01~0.041 mm 的煤的吸附等温线位于最上部,粒径范围为 0.041~0.074 mm 和 0.074~0.125 mm 的煤的吸附等温线较为接近,粒径范围为 0.125~0.2 mm、0.2~0.25 mm、0.25~0.5 mm 和 0.5~1 mm 的煤的吸附等温线相差不多,而粒径范围为 1~3 mm 的煤的吸附等温线却明显低于以上粒径范围的煤。但是从总体来看,煤的粒径小于 1 mm 时,其吸附等温线较为接近,这和表 3-1 中的朗缪尔常数 V_L 的值相符。从表 3-1 和

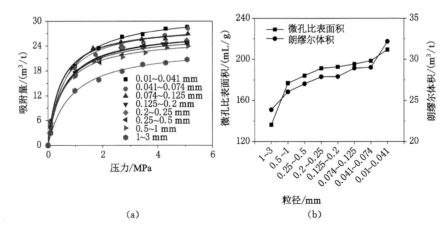

图 3-5　不同粒径煤的等温吸附特征及与微孔结构的关系

图 3-5(a)中还可以发现,对于另一朗缪尔常数 p_L 来说,粒径小于 1 mm 时,虽然其值随粒径发生了变化,但是变化的幅度不明显,只有当粒径为 1～3 mm 时才突然大幅度增大至 0.931 8 MPa。

3.2　煤的瓦斯解吸特征

解吸是指吸附在煤的基质孔隙内表面的瓦斯分子从煤的孔隙表面脱落,成为游离态气体的过程。从理论上讲,解吸过程是吸附过程的逆过程。在达到吸附平衡的煤中,解吸和吸附处于动态平衡状态[8,10]。在进行煤层气开发和煤炭开采时,煤的瓦斯解吸主要是通过降低压力来实现的。在现场,矿井瓦斯涌出、瓦斯抽采以及煤与瓦斯突出等过程中均伴随有不同程度的煤的瓦斯解吸现象,因此,研究煤的瓦斯解吸特征具有重要的现实意义。

3.2.1　煤的瓦斯解吸实验

煤的瓦斯解吸实验是对达到吸附平衡状态的煤样进行快速卸压,然后记录解吸量随时间的变化规律。该实验是在中国矿业大学煤矿瓦斯治理国家工程研究中心进行的,使用的实验仪器结构图如图 3-6 所示,所用气体为高纯甲烷气体(纯度为 99.99%),温度控制为 30 ℃,吸附平衡压力分别为 1 MPa、2 MPa 和 3 MPa。本书进行煤的等温解吸实验时选用的煤粒尺寸分别为 0.01～0.041 mm、0.041～0.074 mm、0.074～0.125 mm、0.125～0.2 mm、0.2～

0.25 mm、0.25～0.5 mm、0.5～1 mm 和 1～3 mm。

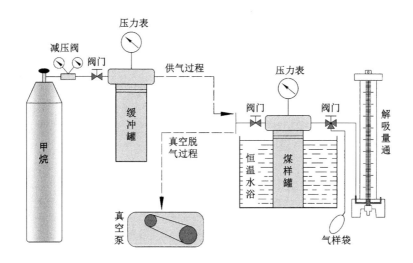

图 3-6　煤的瓦斯解吸实验装置

本书中的煤的瓦斯解吸实验按以下步骤进行操作和校正：

(1) 将煤样烘干,称取一定质量(m_{coal})干燥煤样装入煤样罐。将水浴温度调节为 60 ℃,对煤样罐及其中的煤样进行真空脱气 24 h,除去煤样罐及煤样裂隙和孔隙中的杂质气体。然后将水浴温度调节为 30 ℃,向煤样罐中充入高纯甲烷气体(纯度为 99.99%),通过调节煤样罐进气口阀门,使煤样罐中煤样达到吸附平衡状态时的压力稳定在所需要的数值。

(2) 根据煤样的质量可求得煤样罐中煤样的体积 $V_{coal} = \dfrac{m_{coal}}{\rho_{tr}}$,由于煤的基质孔隙表面吸附的气体分子体积极小,因此,忽略该部分气体分子体积。根据事先测定的煤样罐体积 V_{01} 可获得煤样达到吸附平衡后煤样罐内游离气体的体积,即:$V_{free} = V_{01} - V_{coal}$,利用式(3-6)对游离气体的体积进行校正以获得标准状况下的气体体积 V'_{free}:

$$\frac{p_{eq}V_{free}}{T_{eq}} = \frac{p_{at}V'_{free}}{T_0} \tag{3-6}$$

式中　p_{eq}——煤样罐内煤样达到吸附平衡时的压力,MPa;

　　　T_{eq}——煤样罐内煤样达到吸附平衡时的温度,K;

　　　p_{at}——标准状况下气体压力,取 0.101 325 MPa;

T_0——标准状况下气体温度,取 273.15 K。

(3)测试煤样的解吸规律时要先卸压,卸压时快速拧开出气阀门(三通),将煤样罐与气样袋连通,使游离气体全部释放并用气样袋收集起来。待卸压结束后迅速转动出气阀门,使煤样罐与量筒连通,用量筒测量煤样的解吸量随时间的变化情况并做好记录,解吸时间视解吸量大小而定。解吸实验结束后,把气样袋中收集的甲烷气体校正成标准状况下体积 V_{co},将不同时刻 t 对应的解吸量数值分别校正成标准状况下气体体积 V_{de},然后,利用式(3-7)对不同时刻 t 对应的解吸量分别进行校正,最后,根据 Q_t 和 t 作图可获得煤样的解吸曲线。

$$Q_t = \frac{V_{de} - (V'_{free} - V_{co})}{m_{coal}} \tag{3-7}$$

式中 Q_t——标准状况下 t 时刻的瓦斯解吸量,m^3/t。

而煤的极限解吸量 Q_∞ 一般由下式得到[210]:

$$Q_\infty = \left(\frac{V_L p_{eq}}{p_L + p_{eq}} - \frac{V_L p_a}{p_L + p_a}\right)(1 - M_{ad} - A_d) \tag{3-8}$$

式中 p_a——进行解吸实验时的室内大气压,MPa。

3.2.2 煤的瓦斯解吸实验结果分析

本书针对不同粒径的煤样分别进行了吸附平衡压力为 1 MPa、2 MPa 和 3 MPa 条件下的解吸实验,实验结果如图 3-7 所示。

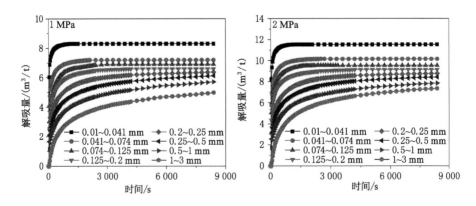

图 3-7 煤的瓦斯解吸实验结果

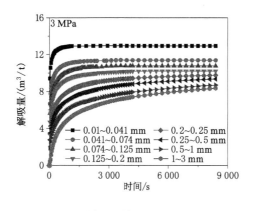

图 3-7(续)

　　由图 3-7 可以发现,相同质量煤样的总解吸量随着粒径的减小而增大。由于解吸曲线在某一点的切线的斜率在数值上等于该点处瓦斯的解吸速度,因此,从图中的解吸曲线可知,同一粒径下煤样的初期解吸速度非常快,而后逐渐降低,而且不同粒径下煤样的解吸速度随着粒径的减小而增大;而对于同一粒径的煤样来说,吸附平衡压力越大,解吸量越大,初期解吸速度也相对较快,如图 3-8 所示。同时,从图中还可以发现,煤样粒径越小,瓦斯压力越低,煤接近解吸平衡时所用的时间就越短,粒径为 1~3 mm 的煤样在瓦斯压力为 1 MPa和 3 MPa 时的解吸平衡时间均大于 140 min,而粒径为 0.01~0.041 mm 的煤样在瓦斯压力为 1 MPa 和 3 MPa 时的解吸平衡时间分别为 25 min 和 49 min。除此之外,本书还根据式(3-8)计算获得了不同粒径煤样在不同吸附平衡压力下的极限瓦斯解吸量,如表 3-2 所示。

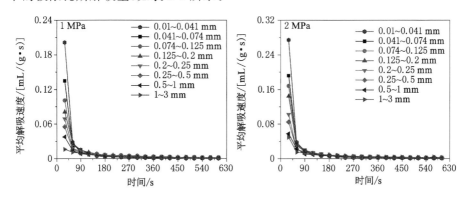

图 3-8　煤的瓦斯初期解吸速度

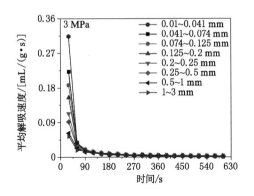

图 3-8(续)

表 3-2　不同粒径煤样在不同吸附平衡压力下的极限瓦斯解吸量

煤样粒径/mm	极限瓦斯解吸量/(m³/t)		
	1 MPa	2 MPa	3 MPa
0.01~0.041	10.12	13.66	15.14
0.041~0.074	8.77	12.13	13.46
0.074~0.125	8.66	11.54	12.90
0.125~0.2	8.56	11.12	12.26
0.2~0.25	8.35	10.77	11.85
0.25~0.5	8.25	10.58	11.60
0.5~1	7.82	9.99	10.93
1~3	7.12	9.51	10.61

　　从表 3-2 中可以发现,相同吸附平衡压力下,粒径越小,煤的极限瓦斯解吸量越大,粒径为 0.01~0.041 mm 的煤样在平衡压力为 1 MPa 时的极限解吸量是粒径为 1~3 mm 的煤样的 1.42 倍,平衡压力为 2 MPa 时为 1.44 倍,平衡压力为 3 MPa 时为 1.43 倍;而在相同粒径条件下,煤的极限瓦斯解吸量随着吸附平衡压力的增大而增大,平衡压力为 2 MPa 时的极限瓦斯解吸量为 1 MPa 时的 1.28~1.38 倍,平衡压力为 3 MPa 时的极限瓦斯解吸量为 1 MPa 时的 1.40~1.53 倍。

3.3　瓦斯在煤基质中的运移规律

煤岩作为煤层气的储集层,其孔隙-裂隙系统不仅是煤层气的赋存空间,也是煤层气的运移通道。煤中瓦斯的运移是一个很复杂的过程,从分子运动观点来看,气体分子在煤的基质孔隙壁上的吸附和解吸是瞬间完成的[25]。但实际上瓦斯通过煤中空间的流动需要耗费一定的时间,这是因为瓦斯在煤的基质中通过各种不同大小的孔隙扩散出来并经过煤的裂隙涌出时要克服重重阻力。

根据双重孔隙结构理论,瓦斯在煤基质中是以扩散的形式运移的。扩散是吸附态瓦斯分子从煤基质孔隙内表面脱落后在煤基质孔隙内运移的行为,也是煤中瓦斯运移过程中非常重要的一个环节,它是由于分子的自由运动使物质由高浓度体系运动到低浓度体系的浓度平衡过程[31]。在矿井生产过程中,各种采掘工艺条件下采落煤的瓦斯释放、突出发展过程中已破碎煤的瓦斯涌出、在国内预测煤层瓦斯含量和突出危险性时所用的煤钻屑瓦斯解吸指标等,都是以煤的瓦斯扩散现象为基础的。因为煤粒内瓦斯扩散过程中气体的浓度随时间变化,所以煤基质中的瓦斯扩散为非稳态扩散过程。

3.3.1　煤基质孔隙中瓦斯扩散理论及数学模型

为了从数学角度定量描述多孔介质内气体的扩散性能,通常使用式(1-1)。从扩散流通量方程式(1-1)中可以推导出扩散方程,如果扩散系数与浓度无关,则扩散方程的一维表达形式可以写为[31,33]:

$$\frac{\partial c_{gas}}{\partial t} = D\frac{\partial^2 c_{gas}}{\partial l_h^2} \qquad (3\text{-}9)$$

煤是一种复杂的多孔介质,为了使气体在煤中运移规律的研究成为可能,一般需要对实验条件、实验样品进行一些合理的假设:① 煤屑由均匀的规则形状颗粒组成;② 瓦斯流动遵从质量守恒定律和连续性原理。因此,瓦斯在煤颗粒中的扩散可以看作气体在半径一定的球体中的扩散问题。在该假设的基础上,有学者计算得到了菲克定律的解析解[33]:

$$\frac{Q_t}{Q_\infty} = 1 - \frac{6}{\pi^2}\sum_{n=1}^{\infty}\left(\frac{1}{n^2}\mathrm{e}^{-\frac{Dn^2\pi^2 t}{r_c^2}}\right) \qquad (3\text{-}10)$$

式中　$\dfrac{Q_t}{Q_\infty}$——煤粒瓦斯的解吸率;

r_c——煤粒半径，m；

$D_e = D/r_c^2$——有效扩散系数，s^{-1}。

但是上述方程式是一无穷级数形式，在实际应用中比较困难。为了使扩散方程的解析解能够很方便地应用于工程实践，有学者[31,33]采用误差函数的形式对扩散方程的解析解进行了解算，并得到如下形式：

$$\frac{Q_t}{Q_\infty} = \frac{6\sqrt{Dt}}{r_c}\left[\frac{1}{\sqrt{\pi}} + 2\sum_{n=1}^{\infty}\mathrm{iefrfc}\left(\frac{nr_c}{\sqrt{Dt}}\right)\right] - \frac{3Dt}{r_c^2} \quad (3\text{-}11)$$

式中 $\mathrm{iefrfc}\left(\dfrac{nr_c}{\sqrt{Dt}}\right)$——积分误差函数。

在涉及工程应用（比如煤炭开采）中，忽略式（3-11）中的积分误差函数项即可满足工程精度的要求，因此，在误差允许的范围内，式（3-11）可以简化为：

$$\frac{Q_t}{Q_\infty} = \frac{6\sqrt{Dt}}{\sqrt{\pi}r_c} - \frac{3Dt}{r_c^2} \quad (3\text{-}12)$$

对煤而言，$D \ll 1$，因此，当解吸时间较短（$t \leqslant 600\ s$ 且 $Q_t/Q_\infty \leqslant 0.5$）时，式（3-12）右边第二项可忽略，则有：

$$\frac{Q_t}{Q_\infty} = \frac{6\sqrt{Dt}}{\sqrt{\pi}r_c} = B\sqrt{t} \quad (3\text{-}13)$$

从式（3-13）可以发现，在解吸时间较短时，$\dfrac{Q_t}{Q_\infty}$ 与 $\sqrt{t}$ 呈线性关系。在直角坐标系下，对 $\dfrac{Q_t}{Q_\infty}$-$\sqrt{t}$ 作图，即可通过线性拟合求得 B 值，进而可获得扩散系数 D 值。

但是，上述求解扩散方程的方法均是以扩散系数 D 值恒定为基础的，而且只有在扩散时间比较短时其计算精度才符合要求。而实际上煤的扩散系数绝大多数并不是固定的，因此，在非恒定扩散系数情况下，扩散方程的解析解就成了摆在科研工作者面前的一大难题。目前，比较有代表性的研究是 Y. Zhang[31] 通过类比的方法推导出的扩散系数随时间变化的扩散方程模型，并给出了计算该非恒定扩散系数模型中扩散系数 D 值的理论方法。按照其思路，在非恒定扩散系数模型中，如果扩散系数 D 只与时间 t 有关，那么可假设 $\alpha_{gas} = \int_0^t D\mathrm{d}t$，则式（3-9）可以写为 $\dfrac{\partial c_{gas}}{\partial \alpha_{gas}} = \dfrac{\partial^2 c_{gas}}{\partial l_h^2}$，该公式可以看作在式（3-9）中 $D=1$ 且 $t=\alpha_{gas}$，此时扩散方程的解析解经过简化处理可得：

$$\frac{Q_t}{Q_\infty} = \frac{6\sqrt{\int_0^t D\mathrm{d}t}}{\sqrt{\pi}\,r_c} - \frac{3\int_0^t D\mathrm{d}t}{r_c^2} \tag{3-14}$$

在式(3-14)中,作如下变换:

$$\begin{cases} x = \dfrac{\sqrt{\int_0^t D\mathrm{d}t}}{r_c} \\[4mm] F = \dfrac{Q_t}{Q_\infty} \end{cases} \tag{3-15}$$

则非恒定扩散系数方程可转化为关于 x 的一元二次方程:

$$3x^2 - \frac{6}{\sqrt{\pi}}x + F = 0 \tag{3-16}$$

对上述方程进行求解,可得:

$$x = \frac{\dfrac{6}{\sqrt{\pi}} - \sqrt{\dfrac{36}{\pi} - 12F}}{6} = \frac{1}{\sqrt{\pi}} - \sqrt{\frac{1}{\pi} - \frac{F}{3}} \tag{3-17}$$

令 $y = \int_0^t D\mathrm{d}t$,则可得到:

$$y = r^2 x^2 = r^2 \left(\frac{1}{\sqrt{\pi}} - \sqrt{\frac{1}{\pi} - \frac{F}{3}} \right)^2 \tag{3-18}$$

由式(3-18)可以发现,y 是关于 F 的函数,而由于 F 可以由不同时刻 t 的解吸实验数据获得,因此,y 亦是关于 t 的函数。由此,可以获得随时间变化的扩散系数 D 值,如下式:

$$D = \frac{\mathrm{d}y}{\mathrm{d}t} \tag{3-19}$$

基于非恒定扩散系数模型,首先利用实验室解吸实验数据获得不同时刻 t 对应的 y 值,然后通过适当的函数拟合得到 y 与 t 的关系式,最后对该函数式求导即可得到不同时刻 t 对应的扩散系数 D 值。

3.3.2　煤的瓦斯扩散实验结果及分析

对于煤来说,现场取到的样品绝大多数情况下都处于破碎状态,也就是说很多的煤样都是呈现出小颗粒状的。因此,实验室条件下测定甲烷在煤中的扩散特性只能采取脱附或吸附法来进行。本书采用脱附法进行,即通过测试达到吸附平衡状态的煤颗粒在卸压后的解吸数据来研究其扩散规律并计算扩散系

数 D 值。在实验室中,当不同煤种的煤块被研磨破碎到一定尺度后,其中的裂隙已经被完全破坏,仅保留孔隙,即使裂隙没有被完全破坏,剩余裂隙也非常少,路径也非常短,所以相对孔隙扩散阻力而言,剩余裂隙渗流阻力完全可以忽略不计,煤粒中气体运动完全可以看作吸附煤层气的纯扩散过程[25]。在实验中,为了尽量减小裂隙的影响,应尽可能地采用小粒径的煤样,但也不能过小,因为过小不便于实际操作。本实验中研究煤的扩散规律时是以前文中的解吸实验数据为基础的。

以图 3-7 中的解吸数据为基础,利用式(3-14)分别对不同粒径煤样前期($t \leqslant 600$ s 且 $Q_t/Q_\infty \leqslant 0.5$)的解吸实验数据进行线性拟合,结果如图 3-9 和表 3-3 所示。

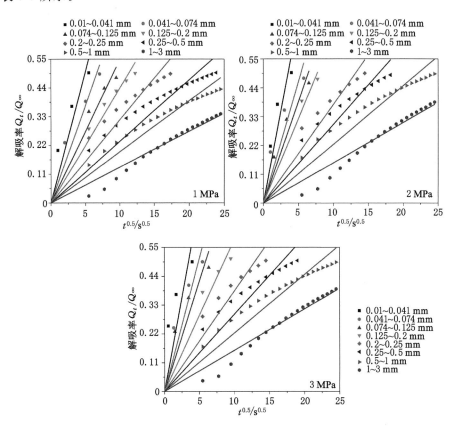

图 3-9 基于固定扩散系数模型的煤的实验数据拟合结果

表 3-3 固定扩散系数模型拟合参数汇总

平衡压力 /MPa	煤样粒径 /mm	$F=\dfrac{Q_t}{Q_\infty}=B\sqrt{t}$	B /s$^{-0.5}$	D /(m^2/s)	R^2
1	0.01~0.041	$F=0.100\,9\sqrt{t}$	0.100 9	1.44×10^{-13}	0.874 2
	0.041~0.074	$F=0.074\,5\sqrt{t}$	0.074 5	4.00×10^{-13}	0.942 0
	0.074~0.125	$F=0.054\,7\sqrt{t}$	0.054 7	6.46×10^{-13}	0.970 5
	0.125~0.2	$F=0.043\,9\sqrt{t}$	0.043 9	1.11×10^{-12}	0.968 6
	0.2~0.25	$F=0.031\,8\sqrt{t}$	0.031 8	1.12×10^{-12}	0.901 1
	0.25~0.5	$F=0.023\,5\sqrt{t}$	0.023 5	1.69×10^{-12}	0.848 4
	0.5~1	$F=0.019\,5\sqrt{t}$	0.019 5	4.67×10^{-12}	0.920 3
	1~3	$F=0.013\,7\sqrt{t}$	0.013 7	1.64×10^{-11}	0.962 8
2	0.01~0.041	$F=0.141\,1\sqrt{t}$	0.141 1	2.82×10^{-13}	0.861 9
	0.041~0.074	$F=0.092\,6\sqrt{t}$	0.092 6	6.19×10^{-13}	0.846 4
	0.074~0.125	$F=0.077\,4\sqrt{t}$	0.077 4	1.29×10^{-12}	0.919 5
	0.125~0.2	$F=0.064\,4\sqrt{t}$	0.064 4	2.39×10^{-12}	0.984 0
	0.2~0.25	$F=0.047\,7\sqrt{t}$	0.047 7	2.51×10^{-12}	0.924 4
	0.25~0.5	$F=0.030\,1\sqrt{t}$	0.030 1	2.78×10^{-12}	0.894 3
	0.5~1	$F=0.022\,4\sqrt{t}$	0.022 4	6.16×10^{-12}	0.989 3
	1~3	$F=0.015\,4\sqrt{t}$	0.015 4	2.07×10^{-11}	0.991 1
3	0.01~0.041	$F=0.143\,4\sqrt{t}$	0.143 4	2.91×10^{-13}	0.601 3
	0.041~0.074	$F=0.101\,2\sqrt{t}$	0.101 2	7.39×10^{-13}	0.872 7
	0.074~0.125	$F=0.084\,0\sqrt{t}$	0.084 0	1.52×10^{-12}	0.845 8
	0.125~0.2	$F=0.058\,0\sqrt{t}$	0.058 0	1.94×10^{-12}	0.963 8
	0.2~0.25	$F=0.045\,4\sqrt{t}$	0.045 4	2.28×10^{-12}	0.915 6
	0.25~0.5	$F=0.029\,6\sqrt{t}$	0.029 6	2.69×10^{-12}	0.878 9
	0.5~1	$F=0.022\,3\sqrt{t}$	0.022 3	6.10×10^{-12}	0.989 8
	1~3	$F=0.015\,8\sqrt{t}$	0.025 8	5.81×10^{-11}	0.993 3

从表 3-3 中的拟合结果可以看出,相同吸附平衡压力下,煤样的扩散系数 D 值基本上是随着粒径的减小而逐渐降低的,但是,就数据拟合的相关性而言,除了粒径范围为 1～3 mm 的煤样以外,其余粒径的煤样的拟合相关性系数均较小,有很大一部分煤样的拟合相关性系数小于 0.9,有的甚至只有 0.6 左右。另外,此拟合只是使用了煤样解吸初期的数据,多的可以达到前 10 min,少的仅仅只有前 2 min 左右,根据煤的解吸量的变化趋势可知,对于同一粒径的煤来说,选取的解吸时间越长,线性拟合的相关度就越小。由此可知,利用固定扩散系数模型对煤的扩散特征进行分析是不合适的。在此,在前人的研究基础上引入非恒定扩散系数模型来探讨不同双重孔隙结构特征煤的扩散性能就显得尤为重要了。

通过图 3-7 和表 3-2 中数据,可以很容易计算出 Q_t/Q_∞(即 F 值),然后根据式(3-18)可求得不同时刻的 y 值,即可找出 y 与 t 的关系,如图 3-10～图 3-12 所示。

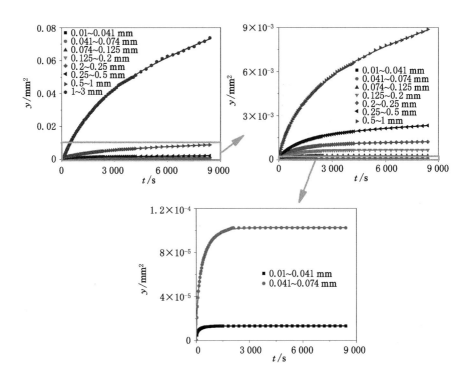

图 3-10 瓦斯压力为 1 MPa 时 y 与 t 的关系

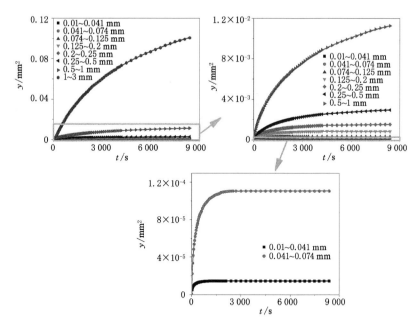

图 3-11　瓦斯压力为 2 MPa 时 y 与 t 的关系

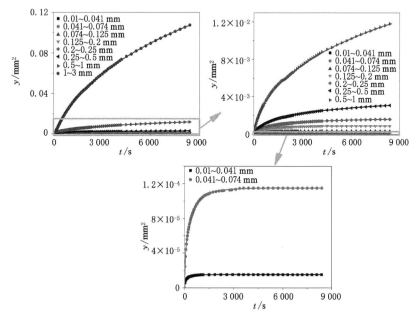

图 3-12　瓦斯压力为 3 MPa 时 y 与 t 的关系

通过分析发现,指数公式可以很好地拟合图 3-10～图 3-12 中的曲线。该指数公式的数学表达式如下:

$$y = y_0 + A_1 e^{-t/t_1} + A_2 e^{-t/t_2} + A_3 e^{-t/t_3} \tag{3-20}$$

式中 $y_0, A_1, A_2, A_3, t_1, t_2, t_3$——拟合参数。

对式(3-20)求导数可得:

$$D = \frac{\mathrm{d}y}{\mathrm{d}t} = -\frac{A_1}{t_1} e^{-t/t_1} - \frac{A_2}{t_2} e^{-t/t_2} - \frac{A_3}{t_3} e^{-t/t_3} \tag{3-21}$$

利用式(3-20)对图 3-10～图 3-12 中的曲线拟合,结果如表 3-4 所示。

表 3-4　不同压力下 y 与时间变化关系曲线拟合结果汇总

平衡压力 /MPa	煤样粒径 /mm	A_1 /$\times 10^{-4}$	t_1	A_2 /$\times 10^{-4}$	t_2	A_3 /$\times 10^{-4}$	t_3	R^2
1	0.01～0.041	−0.030 2	17.235	−0.045 3	53.067	−0.054 9	268.87	0.999 7
	0.041～0.074	−0.122 7	18.114	−0.289 9	102.26	−0.612 2	531.83	0.999 8
	0.074～0.125	−0.237 6	18.669	−0.791 5	259.43	−1.762 1	778.75	0.999 2
	0.125～0.2	−0.701 4	62.075	−4.484 7	967.84	−1.444 6	229.75	0.999 9
	0.2～0.25	−1.670 0	110.95	−6.660 6	925.66	−4.448 4	4 581.0	0.999 9
	0.25～0.5	−2.542 5	136.41	−9.989 6	1 045.9	−15.300	7 164.0	0.999 9
	0.5～1	−7.499 4	207.89	−100.70	12 889	−32.500	1 416.3	0.999 9
	1～3	−277.40	1 511.3	−1 496.9	33 313	−177.00	5 962.5	0.999 8
2	0.01～0.041	−0.016 7	8.980 2	−0.058 7	46.756	−0.070 0	267.81	0.999 8
	0.041～0.074	−0.155 8	21.081	−0.319 5	122.48	−0.632 1	539.34	0.999 9
	0.074～0.125	−0.846 5	50.942	−1.180 3	536.14	−1.136 2	536.16	0.999 6
	0.125～0.2	−1.347 4	39.513	−2.121 8	260.76	−4.790 6	1 065.6	0.999 9
	0.2～0.25	−2.093 5	108.48	−8.885 2	1 027.1	−4.610 3	3 859.9	0.999 9
	0.25～0.5	−2.906 6	100.59	−11.500	914.23	−17.500	4 427.4	1.000 0
	0.5～1	−6.226 6	108.80	−97.400	5 425.4	−29.700	873.98	1.000 0
	1～3	−458.10	1 783.8	−586.80	12 489	−589.30	12 502	0.999 8

表 3-4(续)

平衡压力 /MPa	煤样粒径 /mm	A_1 /×10^{-4}	t_1	A_2 /×10^{-4}	t_2	A_3 /×10^{-4}	t_3	R^2
3	0.01~0.041	−0.039 2	15.381	−0.051 5	74.686	−0.061 3	329.74	0.999 8
	0.041~0.074	−0.301 9	34.587	−0.560 6	313.27	−0.284 6	965.37	0.999 8
	0.074~0.125	−0.420 7	22.952	−2.057 9	800.26	−0.808 8	139.14	0.999 9
	0.125~0.2	−1.509 9	50.550	−3.666 5	471.32	−3.486 4	1 458.4	0.999 8
	0.2~0.25	−1.872 4	76.292	−5.874 4	679.59	−8.843 6	3 413.7	1.000 0
	0.25~0.5	−2.213 3	65.697	−23.300	4 752.2	−9.126 1	605.83	0.999 9
	0.5~1	−22.900	420.97	−65.500	3 408.7	−3 364.2	830 106	0.999 8
	1~3	−223.10	1 048.6	−841.20	7 394.5	−796.10	17 972	0.999 8

根据表 3-4 中的数据并结合公式(3-21),即可得到不同时刻下的有效扩散系数值,结果如图 3-13 所示。

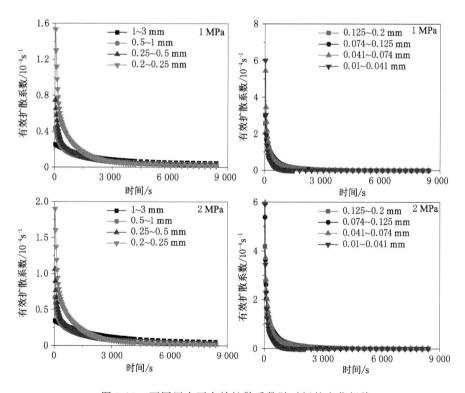

图 3-13　不同压力下有效扩散系数随时间的变化规律

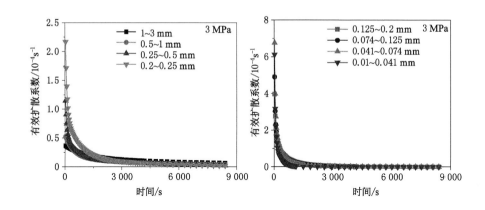

图 3-13（续）

从图 3-13 中可以发现，对于同一压力下，初始时刻煤样的有效扩散系数基本上随着煤样粒径的增大而减小。这是因为真正控制煤中瓦斯扩散能力的是煤的有效扩散系数，煤样的粒径越小，初期的扩散能力就越强，有效扩散系数也就越大，本次获得的结论和许多学者的结论[212-213]是一致的。而随着扩散时间的推进，受煤的非均质性、外部环境等因素的影响，有效扩散系数变化规律逐渐显现出一定的离散性。

第4章　基于双重孔隙结构等效特征
煤的力学与变形特性

由于煤深埋于地下,在现场研究其力学特性是很困难的,通常情况下,都是在现场取到原始煤样,然后在实验室通过特定的手段赋予其一定的外部条件(应力场)和内部条件(渗流场),使其尽可能地还原现场实际的应力场和渗流场环境,以此来研究煤在不同环境下的力学特性和变形特性,进而指导现场煤炭开采。煤中瓦斯对煤的作用可分为力学作用和非力学作用两种[194]。其中,力学作用由游离瓦斯产生,而非力学作用由吸附瓦斯产生。这些影响对煤的作用效果以及与煤的双重孔隙结构等效特征的关系对深入认识煤的力学和变形特性是至关重要的。

4.1　实验方法

4.1.1　实验仪器

本书研究煤的力学和变形特性所用仪器为中国矿业大学煤矿瓦斯治理国家工程研究中心的煤岩"吸附-力学-渗透"耦合特性测试仪。该仪器主要包括加载系统和渗流系统两部分,仪器实物图如图 4-1 所示。该装置可以进行(含瓦斯)煤岩体的单轴加载、三轴加载以及渗流实验,在实验时可以进行多种不同控制方式的选择和切换,能够相对真实地反映煤岩体的实际应力场和渗流场环境,可以很方便地研究(含瓦斯)煤岩体的力学特性和变形特性。

加载系统主要由以下部分构成:三轴实验台、伺服驱动仪、液压泵和数据采集系统。实验过程中,对煤岩体应力负荷加卸载控制方式有应力控制和位移控制两种,二者均通过伺服驱动仪控制液压泵来实现。其中,轴向载荷的调节范围为 0～600 kN,控制误差不超过 1%,轴向液压泵活塞的最大行程为 237 mm,控制误差不超过 0.5%;径向载荷(围压)的调节范围为 0～60 MPa,控制误差

 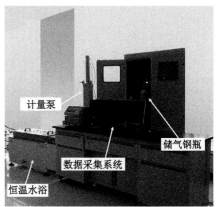

（a）加载系统　　　　　　　　　　（b）渗流系统

图 4-1　煤岩"吸附-渗流-力学"耦合测试系统装置图

不超过 1%，径向液压泵活塞的最大行程同样为 237 mm，控制误差不超过 0.5%。在三轴实验台的腔体周围有温度传感器，可通过外部的高精度温度控制系统控制腔体内部的温度，腔体内部温度可调节范围为室温至 90 ℃，控制误差不超过 0.2%。加载系统的数据采集系统主要由电脑、数据采集卡和不同的传感器构成，其中传感器主要包括应变传感器（分为轴向应变传感器和径向应变传感器）、压力传感器、温度传感器等；在操作过程中需要特别注意每个传感器的量程，切不可超量程运行，其中轴向应变传感器和径向应变传感器的最大量程分别为 8 mm 和 4 mm。

　　渗流系统主要由以下部分构成：恒温水浴、计量泵、气源、供气管路、真空泵、储气钢瓶和数据采集系统。恒温水浴主要是为了保证实验过程中气流在恒定温度环境中运移，该系统温度在室温至 300 ℃ 范围内可调，温度控制误差不超过 0.2%；计量泵由美国 Teledyne ISCO 公司生产制造，其可驱动气体达到的压力范围为 0～40 MPa，控制方式分为两种，即流量控制和压力控制，控制精度为±0.5%；供气管路均为专门配备，其可承受最大气体压力为 100 MPa；气源包括四部分，分别为甲烷（CH_4）、二氧化碳（CO_2）、氦气（He）和氮气（N_2），四者通过多通阀门进行切换；真空泵主要是对煤岩试样和各管路进行脱气，真空泵极限真空度为 6.7×10^{-2} Pa。渗流系统的数据采集系统同样由电脑、数据采集卡和不同的传感器构成，其中传感器主要包括压差传感器、温度传感器和真空表等;在操作过程中同样需要特别注意每个传感器的量程,切不可超量程运行,其中压差传感器的最大量程为 220 kPa,实验时通常要留有一定的富裕系数,一般采用 200 kPa。

4.1.2　实验方案和煤体试样

上述实验系统是通过向腔体中充入液压油来施加围压的,因此有 $\sigma_2 = \sigma_3$。从大的方面说,所取边界条件可以分为静水压条件和三轴应力条件两类。静水压条件是首先向图 4-1 所示的三轴实验台的腔体中充入液压油,充油过程中要不断地切换"充油"和"停止"按钮以驱尽腔体中的空气,待充油结束后,关闭进油管和回油管阀门,然后通过控制围压液压泵对腔体中的煤岩试样施加所需要的围压,在静水压条件下有 $\sigma_1 = \sigma_3$。三轴应力条件是在静水压条件的基础上对煤施加一定的轴向应力,此时数据采集系统可以探测到的施加在煤的轴向上的应力为差应力,即 $\sigma_1 - \sigma_3$。进行含瓦斯煤的力学特性和变形特性的实验时,注气之前一定要先对煤施加一定的围压,并且所施加的围压一定要大于需要注入的气体压力,以防止带压气体冲破包裹在煤的外部用于密封的热缩管造成仪器漏油。

在实验过程中,对煤岩试样进行负荷加载的方式主要有单轴加载和三轴加载两种。其中,单轴加载只针对不含瓦斯煤的力学特性和变形特性实验,此时只是按一定的控制方式给不含瓦斯的煤岩试样施加轴向压力,直至煤岩试样破坏;三轴加载既可以适用于不含瓦斯煤岩试样的力学特性和变形特性实验,也可用于含瓦斯煤岩试样的力学特性和变形特性实验。三轴加载有多种应力加载方式,本书采用先施加围压,再注入气体,最后施加轴压的方式,如果进行不含瓦斯煤岩试样的力学特性和变形特性实验,则按先施加围压再施加轴压的应力控制方式进行。

本书进行煤的力学和吸附变形实验所用煤样为从块煤中钻取获得的原煤试样和由不同粒径范围煤粉压制而成的型煤试样,其中,压制型煤试样的煤粉粒径范围分别为 0.01~0.041 mm、0.041~0.074 mm、0.074~0.125 mm、0.125~0.2 mm、0.2~0.25 mm、0.25~0.5 mm 和 0.5~1 mm。煤样编号如表 4-1 所示,原煤试样和不同粒径煤粉压制的型煤试样的力学实验方案如表 4-2 所示。

表 4-1　实验用煤样编号

煤样	粒径 /mm	等效基质尺度 /mm	编号
型煤	0.01～0.041	0.003 5	X1-1、X1-2、X1-3、X1-4、X1-5、X1-6、X1-7、X1-8、X1-9、X1-10
	0.041～0.074	0.004 9	X2-1、X2-2、X2-3、X2-4、X2-5、X2-6、X2-7、X2-8、X2-9、X2-10
	0.074～0.125	0.008 9	X3-1、X3-2、X3-3、X3-4、X3-5、X3-6、X3-7、X3-8、X3-9、X3-10
	0.125～0.2	0.018 3	X4-1、X4-2、X4-3、X4-4、X4-5、X4-6、X4-7、X4-8、X4-9、X4-10
	0.2～0.25	0.041 9	X5-1、X5-2、X5-3、X5-4、X5-5、X5-6、X5-7、X5-8、X5-9、X5-10
	0.25～0.5	0.064 4	X6-1、X6-2、X6-3、X6-4、X6-5、X6-6、X6-7、X6-8、X6-9、X6-10
	0.5～1	0.076 9	X7-1、X7-2、X7-3、X7-4、X7-5、X7-6、X7-7、X7-8、X7-9、X7-10
原煤	—	0.269 6	Y1、Y2、Y3、Y4、Y5、Y6、Y7、Y8、Y9、Y10

表 4-2　原煤试样和不同粒径煤粉压制的型煤试样的力学实验方案

围压 /MPa	瓦斯压力/MPa		
	0	1	2
0	Y1、X1-1、X2-1、X3-1、X4-1、X5-1、X6-1、X7-1	—	—
2	Y2、X1-2、X2-2、X3-2、X4-2、X5-2、X6-2、X7-2	Y6、X1-6、X2-6、X3-6、X4-6、X5-6、X6-6、X7-6	—
3	Y3、X1-3、X2-3、X3-3、X4-3、X5-3、X6-3、X7-3	Y7、X1-7、X2-7、X3-7、X4-7、X5-7、X6-7、X7-7	Y9、X1-9、X2-9、X3-9、X4-9、X5-9、X6-9、X7-9
4	Y4、X1-4、X2-4、X3-4、X4-4、X5-4、X6-4、X7-4	Y8、X1-8、X2-8、X3-8、X4-8、X5-8、X6-8、X7-8	Y10、X1-10、X2-10、X3-10、X4-10、X5-10、X6-10、X7-10
6	Y5、X1-5、X2-5、X3-5、X4-5、X5-5、X6-5、X7-5	—	—

4.2　基于双重孔隙结构等效特征的煤的力学实验

在一般的地下工程中,复杂多样的煤岩体材料的强度特性和变形特性往往是学者们关注的重点,也就是说给煤岩体施加什么样的载荷作用会引起岩体局部或整体破坏;或是给煤岩体施加多大的载荷作用之后,煤岩体的变形会影响地下工程的稳定性。在煤矿开采过程中,煤一般都经历了许多复杂的应力状态改变,同时,由于吸附性瓦斯气体的存在,其力学性质也受到了很大的影响,因此,在不同的力学行为下,含瓦斯煤将会呈现出更加复杂的体积响应和力学响应特征。另外,煤岩体是经过漫长的远古生物沉积演变而形成的,其自身的差异性是非常明显的,因此,煤的双重孔隙结构特征对力学和变形特性的影响也不容忽视。在不同的力学行为下,各类巷道的支护、采煤工作面的支护以及各类瓦斯抽采钻孔的稳定性均同(含瓦斯)煤的力学和变形特性紧密相连,而研究(含瓦斯)煤的力学和变形特性对于认识煤与瓦斯突出机制也具有十分重要的理论和现实意义。

4.2.1　单轴加载实验

单轴加载实验是研究煤岩体力学性质和变形性质的基本实验之一,国内外学者对此进行了大量的实验研究。A. M. Hirt 和 A. Shakoor[214]利用单轴压缩实验研究了美国处于相同矿区不同煤层的煤岩体,同时还研究了处于同一煤层不同矿区的煤岩体,结果发现煤岩体的强度存在非常大的离散性,而且各个矿区和煤层中煤岩体的平均抗压强度差异非常明显。澳大利亚学者 T. P. Medhurst 和 E. T. Brown[215]同样采用单轴压缩实验较为全面地研究了昆士兰州某煤矿三个煤层中的煤岩体,结果发现煤岩体强度和弹性模量均存在明显的尺度效应,而煤岩体的泊松比受尺度效应的影响不明显。

为了探究煤的双重孔隙结构等效特征对其单轴加载实验结果的影响,在中国矿业大学煤矿瓦斯治理国家工程中心针对不同双重孔隙结构等效特征煤样进行了单轴压缩实验。在实验中,将煤样安装完毕之后,先是采用 40 N/s 的轴向加载速率进行加压,当达到峰值应力后立刻转换成 10 mm/s 的轴向加载速率进行加载,该操作是为了防止轴向液压泵轴承转速过快而损毁。

通过不同双重孔隙结构等效特征煤样的单轴加载实验获得的力学参数和实验曲线及变化规律如表 4-3、图 4-2 和图 4-3 所示。

表 4-3   单轴加载条件下不同煤岩试样的力学参数

煤体试样	粒径 /mm	等效基质尺度 /mm	编号	峰值应力 /MPa	峰值应变/×10⁻⁴		
					轴向	径向	体积
型煤	0.01～0.041	0.003 5	X1-1	1.325	251.70	−127.40	−3.00
	0.041～0.074	0.004 9	X2-1	0.915	209.00	−145.00	−81.00
	0.074～0.125	0.008 9	X3-1	0.850	468.70	−369.50	−270.00
	0.125～0.2	0.018 3	X4-1	0.760	277.30	−199.60	−121.90
	0.2～0.25	0.041 9	X5-1	0.825	284.00	−167.80	−51.50
	0.25～0.5	0.064 4	X6-1	0.925	293.40	−169.00	−43.70
	0.5～1	0.076 9	X7-1	1.125	188.80	−101.00	−12.30
原煤	—	0.269 6	Y1	3.975	43.00	−25.30	−7.66

注:"—"号表示体积膨胀。

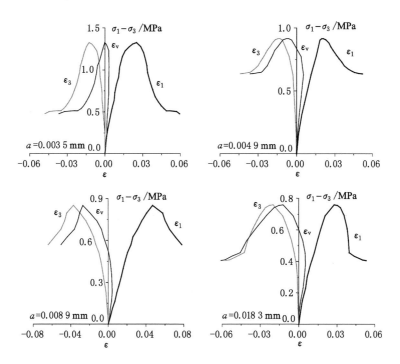

图 4-2   不同双重孔隙结构等效特征下的煤岩体试样的单轴加载实验结果

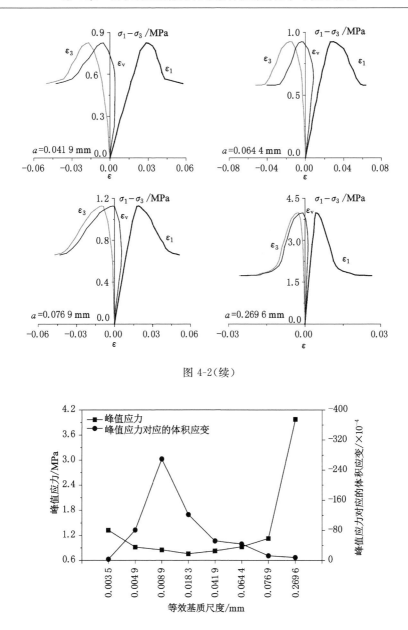

图 4-2(续)

图 4-3 单轴加载条件下应力应变和双重孔隙结构等效特征的关系

从表 4-3 和图 4-3 中可以看出,在单轴加载条件下,原煤的峰值应力远大于型煤,而就型煤来说,其峰值应力随着煤的等效基质尺度的增大呈现出先减小后增大的趋势。这是因为,压制型煤的煤粉粒径较小,等效基质尺度也较小,由此压制而成的型煤中煤颗粒的排列比较均匀,在宏观上也表现得比较致密,因此,煤样可以承受较大的外部荷载,导致煤样的峰值应力随着等效基质尺度的增大而降低;而当煤粉粒径增大到一定程度时,型煤的等效基质尺度越来越大,但是其基质孔隙和裂隙却越来越不发育,由此而造成的结果是煤基质孔隙壁越来越厚,煤骨架的抗压能力越来越强,导致煤样的峰值应力随着等效基质尺度的增大而增大。对于原煤而言,其等效基质尺度比型煤大1~2个数量级,而原煤基质孔隙发育和型煤差不多,但其裂隙发育却比型煤弱两个数量级,导致原煤孔隙壁更厚,骨架的抗压能力更强,因此在外部荷载作用下原煤的峰值应力要远大于相同条件下的型煤。另外,从表4-3和图4-3中还可以发现,煤的体积应变受到煤的双重孔隙结构等效特征的影响作用比较明显,总体上来讲,受到单一方向上的外部荷载作用后,煤样的体积应变随着煤的等效基质尺度的增大呈现出先增大后减小的趋势,而且其"突变点"和峰值应力随等效基质尺度变化的"突变点"非常接近,当压制型煤试样时所用煤粉粒径为 0.074~0.125 mm(等效基质尺度为 0.008 9 mm)时,在单轴加载条件下,其达到峰值应力时的体积应变出现最大值 0.027。

4.2.2 三轴加载实验

煤岩体的三轴加载实验同样是研究煤的力学和变形性质的基础实验之一,同样受到国内外众多学者的重视。T. P. Medhurst 和 E. T. Brown[215] 同样采用三轴压缩实验较为全面地研究了澳大利亚昆士兰州某煤矿三个煤层中的煤岩体,结果发现围压对煤的峰值强度和膨胀变形的影响很大。杨永杰等[216] 对鲍店煤矿 3# 煤层煤体试样进行了三轴加载实验,结果发现,煤样的抗压强度与施加的围压呈现正相关关系,且基本服从线性分布,因此,他认为煤岩的破坏规律近似与莫尔-库仑强度准则相符。同样,苏承东等[217] 通过对煤岩体试样的三轴加载实验,也获得相同的实验结果。王宏图等[218] 对重庆市鱼田堡矿区 6# 煤层煤岩试样进行了三向不等压加载实验,并分析了煤岩试样的峰值强度特征,结果发现,在不同的应力加卸载路径下,煤岩体试样的 I_1-$\sqrt{J}$ 峰值强度曲线近似为直线。所以,他认为可以用德鲁克-普拉格强度准则来近似地作为煤岩体的峰值强度判据。

为了探究煤的双重孔隙结构等效特征对煤的三轴加载实验结果的影响,同样在中国矿业大学煤矿瓦斯治理国家工程中心针对不同双重孔隙结构等效特性的煤样进行了三轴压缩实验。在实验中,将煤样安装完毕之后,先是以 40 N/s 的加载速率对煤岩试样施加预先设定的围压,然后再以 40 N/s 的轴向加载速率进行加压,当达到峰值应力后立刻转换成 10 mm/s 的轴向加载速率进行加载以防止轴向液压泵转速过快而损毁轴承。

不同双重孔隙结构等效特征条件下不含瓦斯煤样的三轴加载实验结果如图 4-4～图 4-11 所示。由三轴加载实验获得的不含瓦斯煤体试样的力学参数及变化规律如表 4-4 和图 4-17 所示。

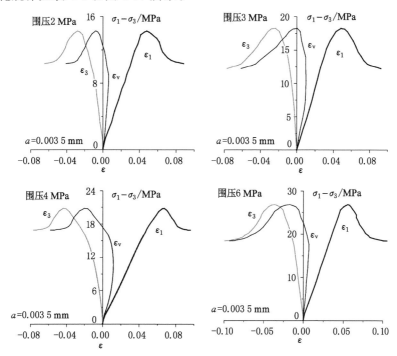

图 4-4　由粒径为 0.01～0.041 mm 的煤粉压制的型煤的三轴加载实验曲线

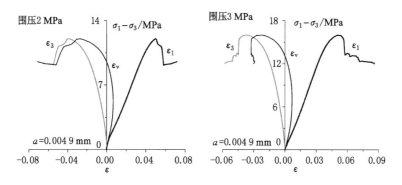

图 4-5　由粒径为 0.041～0.074 mm 的煤粉压制的型煤的三轴加载实验曲线

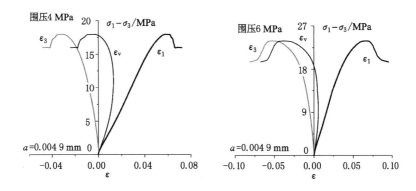

图 4-5(续)

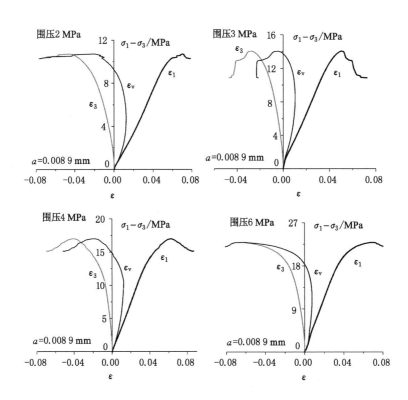

图 4-6　由粒径为 0.074～0.125 mm 的煤粉压制的型煤的三轴加载实验曲线

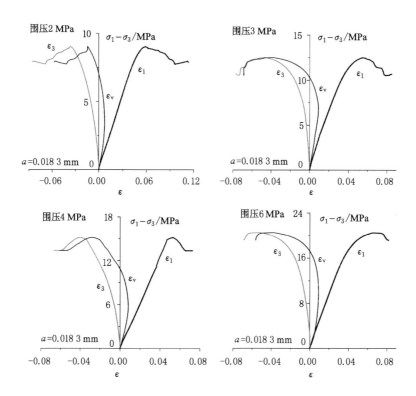

图 4-7 由粒径为 0.125~0.2 mm 的煤粉压制的型煤的三轴加载实验曲线

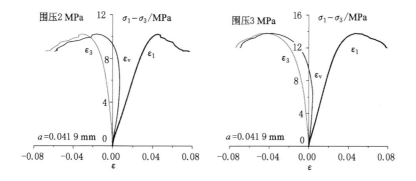

图 4-8 由粒径为 0.2~0.25 mm 的煤粉压制的型煤的三轴加载实验曲线

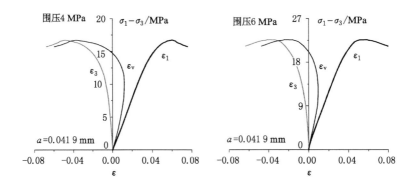

图 4-8(续)

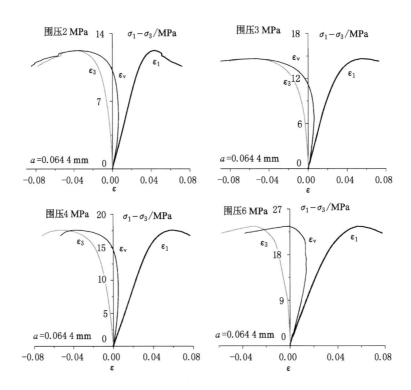

图 4-9　由粒径为 0.25～0.5 mm 的煤粉压制的型煤的三轴加载实验曲线

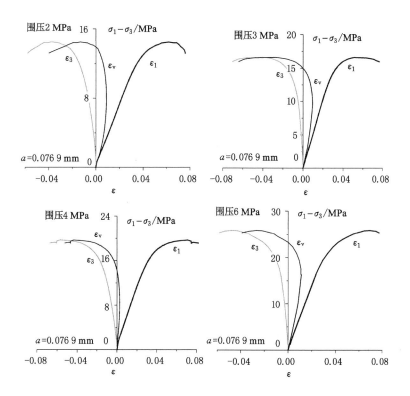

图 4-10　由粒径为 0.5～1 mm 的煤粉压制的型煤的三轴加载实验曲线

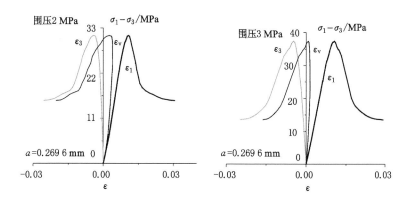

图 4-11　原煤的三轴加载实验曲线

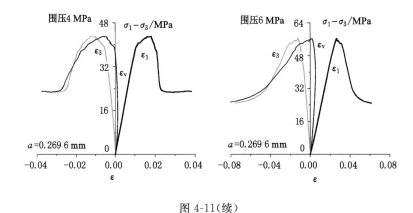

图 4-11（续）

　　不同双重孔隙结构等效特征条件下含瓦斯煤体试样的三轴加载实验结果如图 4-12～图 4-16 所示。由三轴加载实验获得的含瓦斯煤体试样的峰值应力和应变参数如表 4-4 和图 4-17 所示。

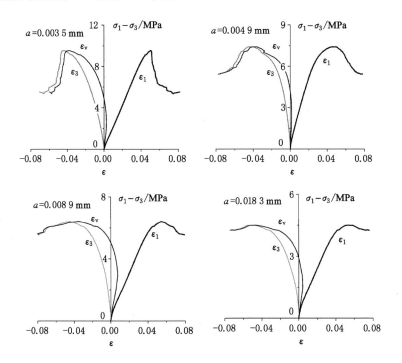

图 4-12　在围压 2 MPa、瓦斯压力 1 MPa 条件下不同双重孔隙结构
等效特征条件下煤样的三轴加载实验曲线

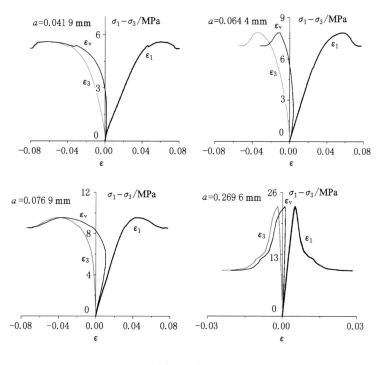

图 4-12（续）

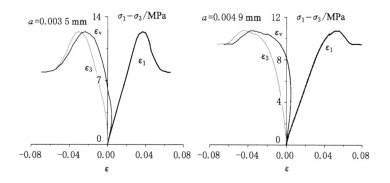

图 4-13 在围压 3 MPa、瓦斯压力 1 MPa 条件下不同双重孔隙结构
等效特征条件下煤样的三轴加载实验曲线

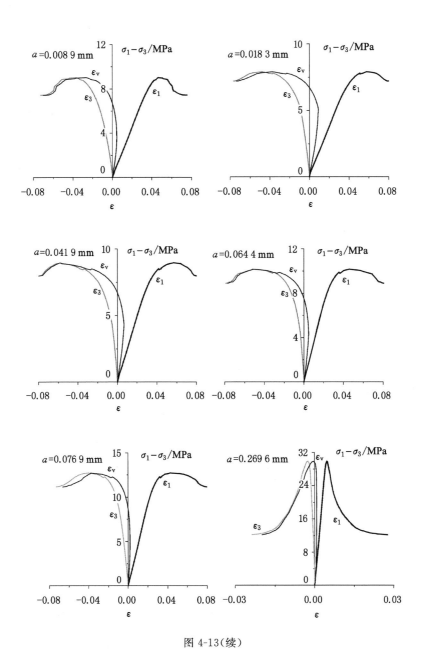

图 4-13(续)

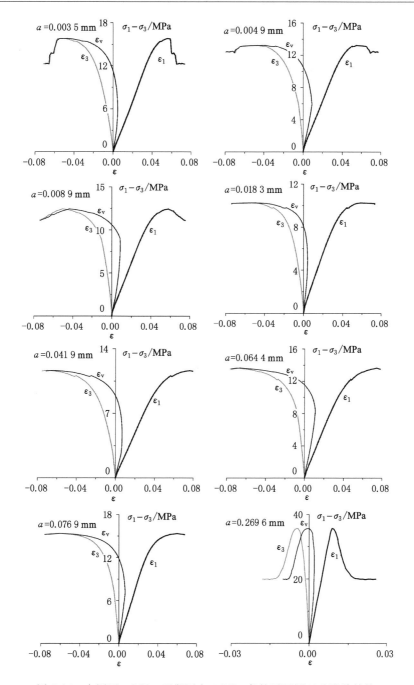

图 4-14　在围压 4 MPa、瓦斯压力 1 MPa 条件下不同双重孔隙结构
等效特征条件下煤样的三轴加载实验曲线

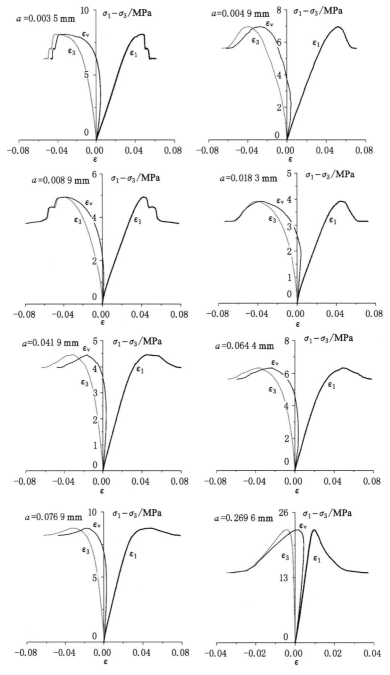

图 4-15　在围压 3 MPa、瓦斯压力 2 MPa 条件下不同双重孔隙结构
等效特征条件下煤样的三轴加载实验曲线

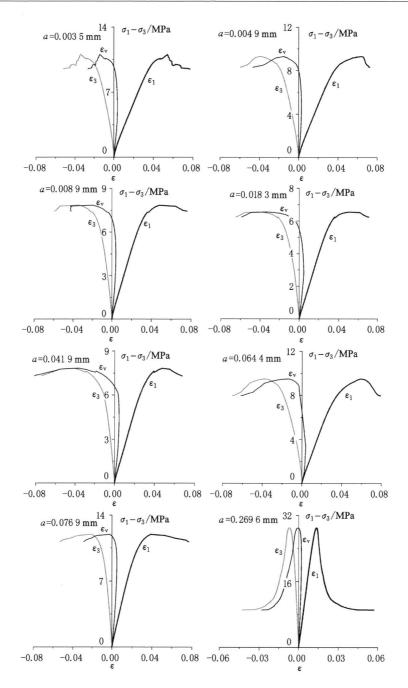

图 4-16　在围压 4 MPa、瓦斯压力 2 MPa 条件下不同双重孔隙结构

等效特征条件下煤样的三轴加载实验曲线

表 4-4　三轴加载条件下不同煤样的力学参数

煤体试样	粒径/mm	等效基质尺度/mm	编号	峰值应力/MPa	峰值应变/$\times 10^{-4}$		
					轴向	径向	体积
原煤	—	0.269 6	Y2	33.128	107.30	−41.00	25.40
			Y3	40.418	106.37	−48.60	7.33
			Y4	47.007	178.60	−118.70	−58.80
			Y5	62.287	265.25	123.50	18.30
			Y6	25.099	49.80	−20.70	8.48
			Y7	32.869	46.40	−24.70	−2.89
			Y8	39.639	87.00	−43.10	0.75
			Y9	25.509	93.67	−38.00	17.60
			Y10	32.999	135.26	−68.80	−2.40
型煤	0.01~0.041	0.003 5	X1-2	16.251	480.40	−281.10	−81.80
			X1-3	21.256	480.40	−237.50	5.47
			X1-4	24.790	672.10	−438.20	−204.30
			X1-5	32.860	556.00	−364.40	−172.90
			X1-6	11.543	499.80	−440.60	−381.00
			X1-7	15.329	367.00	−300.20	−234.00
			X1-8	19.815	556.00	−514.00	−472.00
			X1-9	11.133	465.20	−393.40	−322.00
			X1-10	15.019	542.25	−341.80	−141.43
	0.041~0.074	0.004 9	X2-2	14.011	494.50	−382.60	−270.70
			X2-3	18.983	502.72	−360.80	−218.90
			X2-4	21.955	574.00	−300.30	−26.70
			X2-5	29.899	662.70	−526.10	−389.50
			X2-6	9.415	464.59	−413.60	−362.70
			X2-7	13.701	506.69	−430.00	−353.00
			X2-8	17.227	545.12	−466.40	−388.00
			X2-9	9.965	515.80	−393.00	−270.00
			X2-10	13.281	626.20	−387.80	−149.30
	0.074~0.125	0.008 9	X3-2	12.728	705.90	−451.40	−196.80
			X3-3	17.061	501.10	−271.90	−42.70
			X3-4	20.995	631.50	−420.30	−209.00

表 4-4(续)

煤体试样	粒径 /mm	等效基质尺度 /mm	编号	峰值应力 /MPa	峰值应变/×10⁻⁴		
					轴向	径向	体积
型煤	0.074～0.125	0.008 9	X3-5	28.862	671.04	−640.30	−609.00
			X3-6	8.405	541.55	−444.20	−347.00
			X3-7	12.019	466.32	−366.10	−266.00
			X3-8	16.433	579.76	−508.20	−437.00
			X3-9	7.935	422.00	−400.90	−379.80
			X3-10	11.849	480.32	−338.34	−196.36
	0.125～0.2	0.018 3	X4-2	11.034	587.00	−366.30	−145.70
			X4-3	15.505	543.69	−463.70	−383.71
			X4-4	19.177	525.70	−404.20	−282.70
			X4-5	26.520	655.20	−516.70	−378.20
			X4-6	6.482	499.50	−467.50	−435.50
			X4-7	10.913	576.80	−475.20	−374.00
			X4-8	14.244	586.64	−542.50	−498.00
			X4-9	6.912	449.40	−410.40	−371.00
			X4-10	10.543	512.48	−422.35	−332.20
	0.2～0.25	0.041 9	X5-2	12.221	452.20	−307.30	−162.00
			X5-3	16.765	465.22	−416.90	−368.60
			X5-4	20.708	599.40	−486.00	−373.00
			X5-5	28.595	566.81	−387.64	−208.50
			X5-6	7.608	669.98	−686.30	−703.00
			X5-7	11.971	632.25	−640.10	−648.00
			X5-8	15.634	761.90	−700.70	−639.00
			X5-9	7.468	444.30	−302.70	−161.00
			X5-10	11.831	474.88	−419.11	−363.30
	0.25～0.5	0.064 4	X6-2	14.249	429.98	−386.40	−343.00
			X6-3	17.632	545.25	−540.70	−536.00
			X6-4	21.614	599.12	−542.10	−388.00
			X6-5	29.580	568.96	−289.00	−9.00
			X6-6	9.906	572.90	−345.90	−119.00
			X6-7	13.169	510.56	−543.90	−577.00

表 4-4(续)

煤体试样	粒径 /mm	等效基质尺度 /mm	编号	峰值应力 /MPa	峰值应变/×10⁻⁴		
					轴向	径向	体积
型煤	0.25～0.5	0.064 4	X6-8	17.632	742.80	−702.90	−663.00
			X6-9	9.326	483.40	−354.80	−226.20
			X6-10	13.489	584.40	−357.90	−131.30
	0.5～1	0.076 9	X7-2	16.491	616.50	−375.00	−133.50
			X7-3	19.585	510.52	−392.80	−275.10
			X7-4	23.680	709.92	−572.00	−434.00
			X7-5	31.868	691.86	−480.20	−268.00
			X7-6	11.527	424.86	−379.10	−333.00
			X7-7	15.721	473.68	−445.60	−417.00
			X7-8	19.315	598.26	−602.50	−607.00
			X7-9	11.747	461.10	−315.50	−170.00
			X7-10	15.941	389.84	−207.20	−24.50

注:"—"号表示体积膨胀。

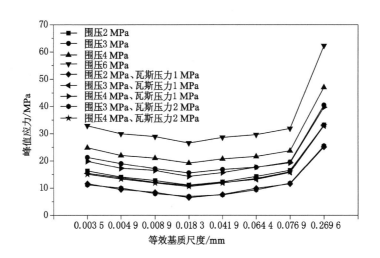

图 4-17 三轴加载条件下峰值应力与煤的等效基质尺度的关系

从表 4-4 和图 4-17 中可以发现,相同条件下,煤的双重孔隙结构等效特征对煤样三轴加载时峰值应力变化的影响规律和单轴加载条件是一致的,即在相同条件下对煤样进行三轴加载时,原煤的峰值应力远大于型煤,而就型煤来说,其峰值应力随着煤的等效基质尺度的增大呈现出先减小后增大的趋势。但是三轴加载条件下,煤样的应变并没有随煤的双重孔隙结构等效特征的变化而发生有规律的改变。从上述实验结果中还可以发现,瓦斯对煤的强度具有明显的削弱作用,而且其削弱的程度受到煤的吸附瓦斯压力和煤的双重孔隙结构等效特征的双重影响,这将在后面章节中具体探讨分析。

4.2.3　基于双重孔隙结构等效特征煤的应力应变关系及宏观破坏特征

煤是一种各向异性的多孔介质,其应力应变关系非常复杂。虽然目前尚未找到能够全面反映煤岩特性的本构关系模型,但是有学者[26]将实验获得的煤的应力应变关系进行了抽象,给出了一种在一定程度上能够比较直观地反映煤的力学特性的本构关系特征,如图 4-18 所示。

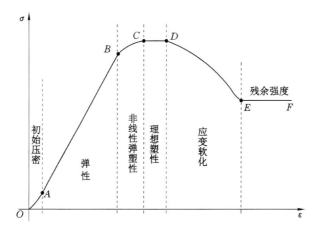

图 4-18　煤的应力应变曲线

由图 4-18 可知,煤受荷载之后的应力应变曲线可以分为六部分:初始压密阶段(OA)、弹性阶段(AB)、非线性弹塑性阶段(BC)、理想塑性阶段(CD)、应变软化阶段(DE)和残余强度阶段(EF)。下面分别对不同阶段进行简要介绍。

（1）初始压密阶段:亦可称为初始压实阶段,表现为在开始阶段,煤受到加载负荷后会发生快速变形,这主要是由受载后裂隙的快速闭合引起的,该阶段通常持续时间极短,大多数时候甚至可以忽略不计。

（2）弹性阶段:该阶段基本上是一直线段,其应力应变符合弹性本构关系,可以用胡克定律进行描述。从理论上讲,将煤岩体加载至该阶段的任意一点后再卸载均可以恢复到最初的状态。

（3）非线性弹塑性阶段：该阶段也可以称之为应变硬化阶段或者塑性屈服阶段，从此阶段开始，煤将发生不可逆的塑性变形，B 点既是塑性变形的起点也是弹性变形的终点，有时候也被称为煤的屈服极限点，有学者[168]研究认为，该阶段大体上可以采用非线性弹性胡克定律进行描述。

（4）理想塑性阶段：进入该阶段之后，煤的应变在不断增大，但是应力却基本保持不变，某些情况下该阶段持续的时间也非常短，甚至根本观察不到。

（5）应变软化阶段：该阶段也可以被称为脆性跌落阶段，此阶段煤基本上已经发生破坏，会快速失去承载能力，因此表现为应力降低而应变增加，有学者[168]认为此阶段亦可以近似看作一条直线，可以用线性负弹性模量的方法进行描述。

（6）残余强度阶段：该阶段是应变软化阶段的延续，此阶段煤发生塑性流动，但是应力却基本保持不变，具有承载能力。有学者[194]通过实验发现，从该阶段卸载后再重新加载至原来的应力状态过程中煤岩体近似地呈现出弹性特性，并且在加载至原来的应力状态后基本上仍会恢复到原来的应力路径。

在对煤的应力应变本构关系的概述基础上，在实验室对基于双重孔隙结构等效特征煤进行了单轴加载和三轴加载实验，前文中图 4-2～图 4-16 分别给出了不同双重孔隙结构等效特征下煤样的应力应变曲线。从图 4-2～图 4-16 中可以发现，对于原煤来说，初始压密阶段、非线性弹塑性阶段和理想塑性阶段持续时间均较短，因此，大体上可以将原煤的应力应变曲线分成三个阶段，即峰值前的弹性阶段以及峰值后的应变软化阶段和残余强度阶段。对于型煤来说，在压制型煤的煤粉粒径比较大（即煤的等效基质尺度较大）时，由于仪器的量程影响，无法观察到完整的应力应变曲线（部分煤样全应力应变曲线中的残余强度阶段无法显示出来），只有在压制型煤的煤粉粒径比较小（即煤的等效基质尺度比较小）时，应力应变曲线才接近于完整。综合型煤的各条应力应变曲线可知，型煤和原煤的应力应变曲线有相似之处，但是型煤的非线性弹塑性阶段和理想塑性阶段比较明显，尤其是等效基质尺度较大的型煤，即使用较大粒径的煤粉压制而成的型煤。

图 4-19～图 4-24 则分别显示了加载实验结束后不同双重孔隙结构等效特征煤样的宏观破坏特征，其中，图 4-22～图 4-24 给出的是围压为 3 MPa 时不同双重孔隙结构等效特征煤样的三轴加载破坏特征。

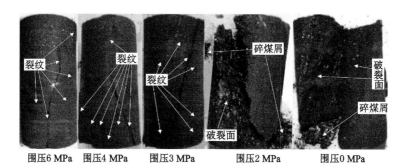

图 4-19　不同围压下的原煤三轴加载破坏特征

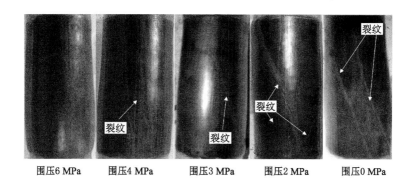

图 4-20　不同围压下的型煤三轴加载破坏特征

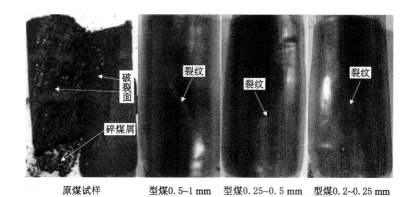

图 4-21　不同双重孔隙结构等效特征下煤样的单轴加载破坏特征

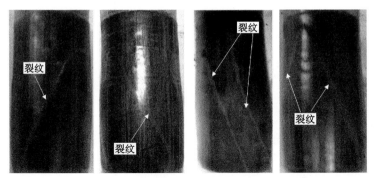

型煤0.125~0.2 mm　型煤0.074~0.125 mm　型煤0.041~0.074 mm　型煤0.01~0.041 mm

图 4-21(续)

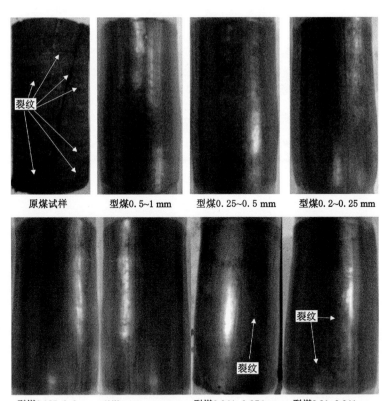

图 4-22　不同双重孔隙结构等效特征下不含瓦斯煤样的三轴加载破坏特征

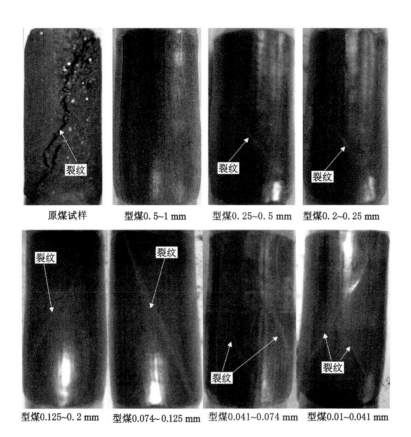

图 4-23　不同双重孔隙结构等效特征下含 1 MPa 瓦斯煤样的三轴加载破坏特征

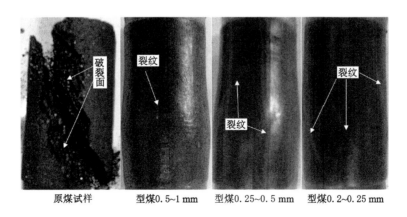

图 4-24　不同双重孔隙结构等效特征下含 2 MPa 瓦斯煤样的三轴加载破坏特征

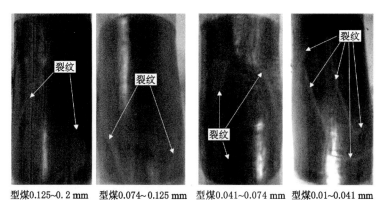

型煤0.125~0.2 mm　　型煤0.074~0.125 mm　　型煤0.041~0.074 mm　　型煤0.01~0.041 mm

图 4-24(续)

　　由图 4-19～图 4-24 可以看出,原煤试样主要是剪切破坏,在宏观上表现出显著的脆性特征,有明显的裂纹痕迹甚至是破裂面,并形成较多的碎煤屑,煤体发生破坏后的简化结构如图 4-25(a)所示;而型煤试样的破坏则主要是以剪切扩容或者多重剪切破坏为主,在宏观上表现为显著的延展性特征,煤体发生破坏后的简化结构如图 4-25(b)所示。无论是何种破坏形式,最终都将导致煤的基质和裂隙发生一定程度的变化,如图 4-25(c)所示,而这种变化带来的最直接的结果是煤的初始裂隙率和初始结构渗透率的改变,因此也必然在一定程度上影响着对煤损伤变形后的双重孔隙结构等效特征的表征。从图 4-19～图 4-24 中还可以看出,对不含瓦斯型煤而言,煤的等效基质尺度越小,其在相同围压条件下的破坏就越严重;而当煤的双重孔隙结构等效特征相同时,瓦斯对煤的破坏程度的影响较明显,并且瓦斯压力越大,煤受加载破坏越严重。这为后文中测试分析不同双重孔隙结

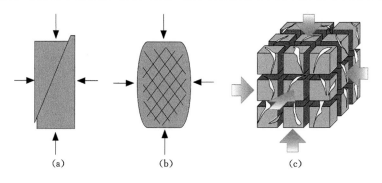

(a)　　　　　　　　(b)　　　　　　　　(c)

图 4-25　煤体发生破坏后的简化图

构等效特征煤的渗透性对应力的敏感性奠定了基础。

从以上不同双重孔隙结构等效特征煤的应力应变曲线和宏观破坏特征可以发现,原煤试样和型煤试样存在一定的差异,而且压制型煤试样所使用的煤粉粒径越大,即型煤的等效基质尺度越大,该差异就越明显。因此,在今后为了研究的方便而需要用到型煤试样时,应尽可能地使用小粒径煤粉进行压制,同时尽可能地增加压制型煤试样的荷载和压制时间,使得压制出的型煤试样的密度和有效裂隙率等基础参数尽可能接近甚至达到原煤试样的水平,这样不仅可以最大限度地消除原煤试样的各向异性对实验结果的影响,而且可以更准确地反映煤的物理性能。

4.3　基于双重孔隙结构等效特征煤的力学与变形特性

4.3.1　煤的强度参数和变形参数

通过煤样的单轴加载和三轴加载实验不仅可以获得不同煤样的单轴抗压强度、不同围压下的三轴抗压强度,还可以计算得到煤的黏聚力、内摩擦角等强度参数和弹性模量、泊松比等变形参数。

（1）煤的强度参数

在工程中,人们描述煤岩体的强度特性时,除了抗压强度、抗拉强度等之外,还经常用到黏聚力和内摩擦角。黏聚力是指存在于同种物质内部紧邻的各部分之间的相互吸引力,这种相互作用力很好地证明了同种物质分子之间是存在分子力的[26]。内摩擦角最早出现于库仑公式中,是指煤岩体在竖立作用下发生剪切破坏时错动面的倾角,是表征煤岩体抗剪强度的重要特征指标之一[213]。黏聚力和内摩擦角均是基础的煤岩体强度参数,其均可以根据莫尔-库仑破坏准则的表征方法在实验室通过常规的力学实验进行测试得到,比较常用的测试方法为煤岩体的单轴和三轴加卸载实验。为了和实验室实验数据相对应,需要对莫尔-库仑破坏准则的数学表达式进行适当的变换,写成主应力的形式,即[26]：

$$\sigma_1 = \zeta\sigma_3 + \psi \tag{4-1}$$

式中　ζ, ψ——拟合系数,其中,ζ 为无量纲系数,ψ 的单位为 MPa,二者均可以通过黏聚力和内摩擦角进行表示,具体如下：

$$\begin{cases} \zeta = \dfrac{1+\sin \varphi}{1-\sin \varphi} \\ \psi = \dfrac{2c \cdot \cos \varphi}{1-\sin \varphi} \end{cases} \tag{4-2}$$

根据加载实验结果可以获得不同围压和不同双重孔隙结构等效特征煤样的最大主应力和最小主应力,将其绘制于直角坐标系中,然后利用公式(4-1)进行线性拟合,即可获得各煤体试样对应直线的斜率 ζ 和截距 ψ,进而可分别获得不同双重孔隙结构等效特征下煤的黏聚力和内摩擦角。值得注意的是,根据前人的研究结果可知,当煤体试样处于单轴加载条件时,其破坏形式为剪胀性破坏,而并非单纯的剪切破坏,因此,其抗压强度明显低于三轴抗压强度[26]。在对煤的强度参数进行拟合计算分析时,为了使得围压对煤的抗压强度特性的影响规律更准确可靠,在计算时并没有将单轴加载实验数据考虑进去。

图 4-26 分别给出了不同双重孔隙结构等效特征下不含瓦斯煤体试样的线性拟合数据,由此计算得到的不含瓦斯煤体试样的黏聚力和内摩擦角数值如表 4-5 所示。

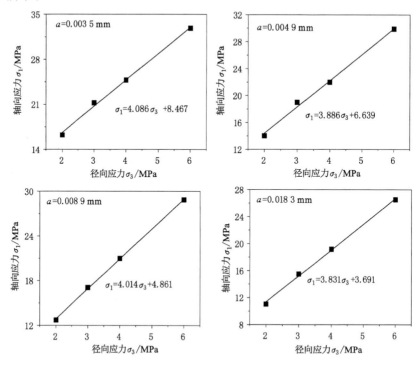

图 4-26　三轴加载实验得到的 σ_1-σ_3 关系曲线

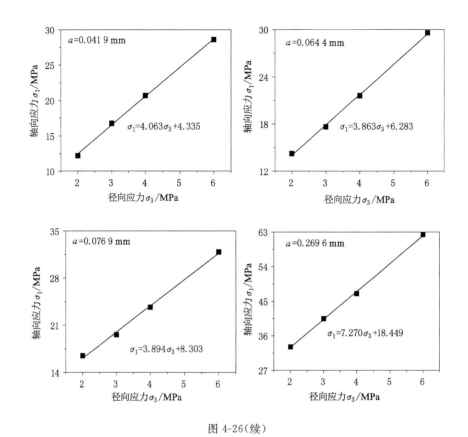

图 4-26（续）

表 4-5　不同双重孔隙结构等效特征下煤的强度参数

煤体试样	粒径 /mm	等效基质尺度 /mm	ζ	ψ /MPa	黏聚力 /MPa	内摩擦角 /(°)
型煤	0.01～0.041	0.003 5	4.086	8.467	2.09	37.36
	0.041～0.074	0.004 9	3.886	6.639	1.68	36.20
	0.074～0.125	0.008 9	4.014	4.861	1.21	36.95
	0.125～0.2	0.018 3	3.831	3.691	0.94	35.87
	0.2～0.25	0.041 9	4.063	4.335	1.08	37.23
	0.25～0.5	0.064 4	3.863	6.283	1.60	36.07
	0.5～1	0.076 9	3.894	8.303	2.10	36.25
原煤	—	0.269 6	7.270	18.449	3.42	49.30

从表 4-5 中可以看出,随着煤的等效基质尺度的增加,煤的黏聚力呈现出先减小后增大的变化趋势,当压制型煤试样所用的煤粉粒径为 0.125～0.2 mm(煤的等效基质尺度为 0.018 3 mm)时,煤体试样的黏聚力变化趋势出现拐点,此时黏聚力为 0.94 MPa;另外,从表中还可以发现,原煤试样的内摩擦角稍高于型煤试样,而型煤试样的内摩擦角随煤的双重孔隙结构等效特征的改变并不发生明显的变化。

(2)煤的变形参数

常用的煤的变形参数有两个,即弹性模量和泊松比。当煤处于弹性变形阶段时,其变形特性符合胡克定律,即应力和应变呈现正比例关系,其比例系数称为弹性模量[26]。泊松比是指煤岩体材料在单向受拉或受压时,横向正应变与轴向正应变的绝对值的比值,因此,泊松比也叫横向变形系数,是用于反映材料横向变形的弹性常数[26]。当煤在单轴加载条件下,其应力应变曲线中直线段的斜率即为煤的弹性模量;而在三轴加载条件下,煤的弹性模量需要通过胡克定律计算得到。但是,不管是单轴加载还是三轴加载,计算煤的弹性模量和泊松比的一般表达式都是相同的,即:

$$\begin{cases} E = \dfrac{\sigma_{11} - \sigma_{10}}{\varepsilon_{11} - \varepsilon_{10}} \\ \nu = -\dfrac{\varepsilon_{31} - \varepsilon_{30}}{\varepsilon_{11} - \varepsilon_{10}} \end{cases} \tag{4-3}$$

式中　E——煤的弹性模量,MPa;

　　　ν——煤的泊松比;

　　　σ_{10}——煤的应力应变曲线弹性段起点的轴向应力,MPa;

　　　σ_{11}——煤的应力应变曲线弹性段终点的轴向应力,MPa;

　　　ε_{10}——煤的应力应变曲线弹性段起点的轴向应变;

　　　ε_{11}——煤的应力应变曲线弹性段终点的轴向应变;

　　　ε_{30}——煤的应力应变曲线弹性段起点的径向应变;

　　　ε_{31}——煤的应力应变曲线弹性段终点的径向应变。

根据公式(4-3),计算了不同双重孔隙结构等效特征下煤的弹性模量和泊松比,如表 4-6 所示。

表 4-6　不同双重孔隙结构等效特征下煤的弹性模量和泊松比

煤样	粒径/mm	等效基质尺度/mm	围压/MPa	弹性模量 E/MPa		泊松比 ν	
				实测值	平均值	实测值	平均值
型煤	0.01～0.041	0.003 5	0	75.25	355.67	0.266 9	0.298 7
			2	328.31		0.256 0	
			3	469.82		0.375 2	
			4	355.92		0.329 1	
			6	549.03		0.266 3	
	0.041～0.074	0.004 9	0	44.03	305.83	0.173 1	0.327 9
			2	264.36		0.411 1	
			3	389.11		0.387 8	
			4	350.80		0.239 7	
			6	480.87		0.428 0	
	0.074～0.125	0.008 9	0	24.09	288.54	0.446 7	0.337 7
			2	188.63		0.336 7	
			3	311.99		0.287 1	
			4	375.26		0.267 7	
			6	542.73		0.350 3	
	0.125～0.2	0.018 3	0	30.36	254.91	0.441 3	0.394 8
			2	181.61		0.390 8	
			3	304.21		0.303 6	
			4	307.24		0.475 3	
			6	451.15		0.362 9	
	0.2～0.25	0.041 9	0	32.03	338.40	0.351 1	0.323 3
			2	285.47		0.298 9	
			3	438.71		0.391 3	
			4	394.46		0.265 8	
			6	541.35		0.309 3	
	0.25～0.5	0.064 4	0	38.14	379.23	0.255 5	0.297 1
			2	395.42		0.315 5	
			3	431.41		0.403 9	
			4	442.07		0.292 3	
			6	589.10		0.218 1	

表 4-6(续)

煤样	粒径 /mm	等效基质尺度 /mm	围压 /MPa	弹性模量 E/MPa		泊松比 ν	
				实测值	平均值	实测值	平均值
型煤	0.5~1	0.076 9	0	69.40	423.37	0.244 5	0.268 3
			2	354.64		0.256 9	
			3	499.16		0.283 7	
			4	509.02		0.322 1	
			6	684.63		0.234 5	
原煤	—	0.269 6	0	960.66	2 923.31	0.302 1	0.273 9
			2	3 452.60		0.170 7	
			3	4 129.20		0.262 7	
			4	3 812.90		0.341 5	
			6	2 261.20		0.292 7	

从表 4-6 中可以看出,相同条件下煤体试样的单轴加载获得的弹性模量要远小于三轴加载获得的弹性模量,正如前文所说,当煤体试样处于单轴加载条件时,其破坏形式为剪胀性破坏,而并非单纯的剪切破坏,导致其抗压强度明显低于三轴抗压强度,这在一定程度上也会对煤的弹性模量产生一定的影响。为了便于定量比较,计算出了不同双重孔隙结构等效特征煤样的变形参数的平均值,如表 4-6 所示。从实验测试获得的煤体试样的变形参数可以发现,煤样的泊松比随双重孔隙结构等效特征的增加而呈现先增大后减小的趋势,但是煤样的弹性模量恰恰相反,其随着煤的等效基质尺度的增大呈现出先减小后增大的趋势,这与前文中测试分析获得的煤样的黏聚力的变化趋势一致。

4.3.2 瓦斯对不同双重孔隙结构等效特征煤的力学特性的影响

在研究煤岩体的力学性质时,国内外学者最常用的强度准则为莫尔-库仑强度破坏准则,它是用于描述煤岩体在加卸载破坏过程中所受的应力状态与强度之间的关系的函数。通过数学模型表征的莫尔-库仑准则的主应力形式为:

$$\sigma_1 = \frac{1+\sin\varphi}{1-\sin\varphi}\sigma_3 + \frac{2c \cdot \cos\varphi}{1-\sin\varphi} \tag{4-4}$$

当煤岩体中注入瓦斯气体后,煤岩体的力学性质会发生极大的改变,根据众多学者[168,194,213]的研究发现,瓦斯气体对煤岩体的强度会产生削弱作用,其中,瓦斯对煤岩体的削弱作用可以分为游离气体的削弱作用和吸附气体的削弱作用。为了定量地表示该现象,可以根据莫尔-库仑强度破坏准则的数学表达形式进行表征。如果煤岩体中瓦斯气体达到吸附平衡时的压力为 p,则在只考虑游离瓦斯影响时,莫尔-库仑强度破坏准则可以进行如下表示:

$$\sigma_1 - p = \frac{1 + \sin \varphi}{1 - \sin \varphi}(\sigma_3 - p) + \frac{2c \cdot \cos \varphi}{1 - \sin \varphi} \tag{4-5}$$

将上式进行化简可得:

$$\sigma_1 = \frac{1 + \sin \varphi}{1 - \sin \varphi}\sigma_3 + \frac{2c \cdot \cos \varphi}{1 - \sin \varphi} - \frac{2\sin \varphi}{1 - \sin \varphi}p \tag{4-6}$$

上式中 $-\dfrac{2\sin \varphi}{1 - \sin \varphi}p$ 项即为在游离瓦斯的作用下煤岩体强度的改变。而对于吸附瓦斯的作用则很难直接推导,可以将其定义为 σ_{ad},则表征含瓦斯煤岩体的莫尔-库仑强度破坏准则的数学形式可以表示为:

$$\sigma_1 = \frac{1 + \sin \varphi}{1 - \sin \varphi}\sigma_3 + \frac{2c \cdot \cos \varphi}{1 - \sin \varphi} - \frac{2\sin \varphi}{1 - \sin \varphi}p - \sigma_{ad} \tag{4-7}$$

由于瓦斯的存在对煤岩体的抗破坏强度起削弱作用,因此上式中 $\dfrac{2\sin \varphi}{1 - \sin \varphi}p$ 和 σ_{ad} 均为正值。根据前人[106,219]的研究可知,当煤中吸附具有一定压力的瓦斯气体后,其弹性模量变化不大,而且煤的内摩擦角的变化亦可以忽略不计。通过对比公式(4-4)和公式(4-7)可以发现,在相同的瓦斯压力作用下,煤中游离瓦斯对煤的强度的削弱作用均是相同的,并不随着围压的改变而改变。因此,可以利用公式(4-7)对含瓦斯煤的三轴应力破坏实验结果进行拟合,并将结果与不含瓦斯煤的拟合结果进行比较,即可分别获得吸附瓦斯和游离瓦斯各自对煤的强度的影响,如图 4-27 所示。

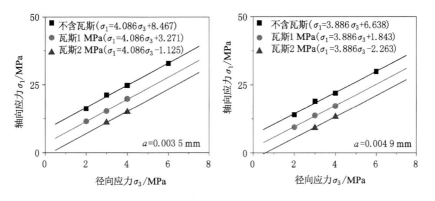

图 4-27　瓦斯对不同双重孔隙结构等效特征下煤强度的影响

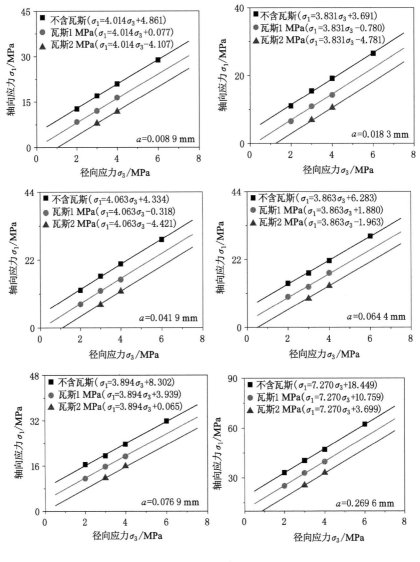

图 4-27（续）

本书以围压为 3 MPa 和 4 MPa 为例，探讨了瓦斯对不同双重孔隙结构等效特征下煤的强度的影响，然后，计算获得了吸附平衡压力分别为 1 MPa 和 2 MPa 的瓦斯气体对不同双重孔隙结构等效特征煤的强度的削弱量和削弱率，结果如表 4-7 所示。其中，游离瓦斯削弱量是指和不含瓦斯煤的强度相比，游离态瓦斯单独作用时煤的强度的降低量；吸附瓦斯削弱量是指和不含瓦斯煤的强度相比,吸附态瓦斯单独作用时煤的强度的降低量;游离瓦斯影响占比是指和不含瓦斯煤的强度相比,游离态瓦斯单独作用时煤的强度的降低百分比;吸附瓦斯占比是指和不含瓦斯煤的强度相比,吸附态瓦斯单独作用时煤的强度的降低百分比。

表 4-7　吸附瓦斯和游离瓦斯对煤强度的影响

围压 /MPa	煤体 试样	粒径 /mm	等效基质 尺度/mm	瓦斯压力 /MPa	吸附瓦斯影响		游离瓦斯影响	
					削弱量 /MPa	削弱率 /%	削弱量 /MPa	削弱率 /%
3	型煤	0.01~0.041	0.003 5	1	2.11	9.93	3.09	14.52
				2	3.42	16.09	6.17	29.04
		0.041~0.074	0.004 9	1	1.91	10.06	2.89	15.20
				2	3.13	16.49	5.77	30.41
		0.074~0.125	0.008 9	1	1.77	10.37	3.01	17.67
				2	2.94	17.23	6.03	35.33
		0.125~0.2	0.0183	1	1.64	10.58	2.83	18.26
				2	2.81	18.12	5.66	36.52
		0.2~0.25	0.041 9	1	1.59	9.48	3.06	18.27
				2	2.63	15.69	6.13	36.54
		0.25~0.5	0.064 4	1	1.54	8.73	2.86	16.24
				2	2.52	14.29	5.73	32.48
		0.5~1	0.076 9	1	1.47	7.51	2.89	14.78
				2	2.45	12.51	5.79	29.55
	原煤	—	0.269 6	1	1.42	3.51	6.27	15.51
				2	2.21	5.47	12.54	31.03
4	型煤	0.01~0.041	0.003 5	1	2.11	8.51	3.09	12.45
				2	3.42	13.80	6.17	24.90
		0.041~0.074	0.004 9	1	1.91	8.70	2.89	13.15
				2	3.13	14.26	5.77	26.29
		0.074~0.125	0.008 9	1	1.77	8.43	3.01	14.36
				2	2.94	14.00	6.03	28.71
		0.125~0.2	0.018 3	1	1.64	8.55	2.83	14.76
				2	2.81	14.65	5.66	29.52

表 4-7(续)

围压/MPa	煤体试样	粒径/mm	等效基质尺度/mm	瓦斯压力/MPa	吸附瓦斯影响		游离瓦斯影响	
					削弱量/MPa	削弱率/%	削弱量/MPa	削弱率/%
4	型煤	0.2~0.25	0.041 9	1	1.59	7.68	3.06	14.79
				2	2.63	12.70	6.13	29.58
		0.25~0.5	0.064 4	1	1.54	7.13	2.86	13.25
				2	2.52	11.66	5.73	26.49
		0.5~1	0.076 9	1	1.47	6.21	2.89	12.22
				2	2.45	10.35	5.79	24.44
	原煤	—	0.269 6	1	1.42	3.02	6.27	13.34
				2	2.21	4.70	12.54	26.68

　　为了更直观地对比瓦斯压力和煤的双重孔隙结构等效特征对煤的强度的影响,分别作出了不同围压和不同瓦斯压力下各个煤体试样受游离瓦斯和吸附瓦斯作用后煤的强度的变化规律,如图 4-28、图 4-29 所示。

　　从表 4-7、图 4-28 和图 4-29 中可以看出:

　　(1)当气体压力相同时,吸附瓦斯对煤的强度的削弱量随着煤的等效基质尺度的增大而减少,这与不同双重孔隙结构等效特征下煤对相同压力瓦斯气体的吸附量密切相关,在前文中已经通过实验发现,随着等效基质尺度的增加,煤对瓦斯气体的吸附量逐渐降低,因此,吸附瓦斯对煤的强度的改变量也相应地

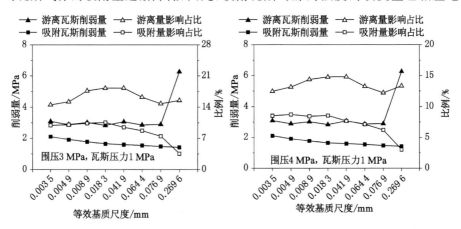

图 4-28　在 1 MPa 瓦斯压力作用下不同双重孔隙结构等效特征条件下煤强度的变化规律

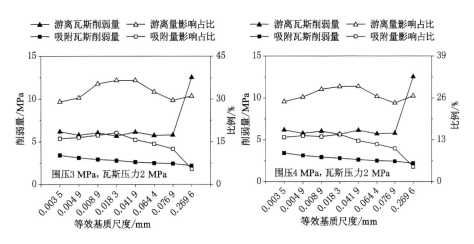

图 4-29　在 2 MPa 瓦斯压力作用下不同双重孔隙结构等效特征条件下煤强度的变化规律

减少。相同围压下,当瓦斯压力升高时,由于煤吸附气体的量也在增加,导致煤的强度的削弱量增加。从图 4-28 和图 4-29 中还可以发现,相同条件下,吸附瓦斯对煤的强度的削弱百分比随着煤的等效基质尺度的增加呈现先增加后降低的趋势,这与相同条件下不含瓦斯煤的初始强度有很大关系。

(2) 当气体压力相同时,游离瓦斯对型煤试样强度的削弱量随着煤的等效基质尺度的增加而基本不发生明显的变化,但是游离瓦斯对原煤试样的削弱量约为型煤试样的 2.0～2.3 倍,这与前人[213]的研究结果相符,这是因为从式(4-7)中可以看出,游离瓦斯的削弱量与煤的内摩擦角呈正相关关系,根据表 4-5 可知,型煤的内摩擦角基本不随等效基质尺度的变化而变化,而原煤的内摩擦角却远大于型煤,所以相同瓦斯压力下游离瓦斯对原煤的削弱量远大于型煤。相同围压下,当瓦斯压力升高时,煤中游离瓦斯量增加导致对煤的强度的削弱量亦增加。从图 4-28 和图 4-29 中还可以发现,相同条件下,游离瓦斯对煤的强度的削弱比例总体上随着煤的等效基质尺度的增加呈现先增加后降低的趋势。

4.3.3　瓦斯对不同双重孔隙结构等效特征煤的变形特性的影响

煤是由基质和切割煤基质的裂隙空间组成的复杂多孔介质,煤基质之间由岩桥连接,而并不是独立的[168]。煤基质内部存在着大量的孔隙空间,这为煤吸附瓦斯提供了充足的场所,煤对瓦斯气体的吸附均是发生在基质体内的孔隙中。煤基质吸附瓦斯后会发生膨胀变形,如图 4-30 所示。

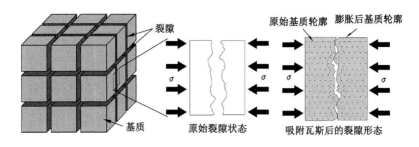

图 4-30　煤的物理结构及吸附膨胀变形[213]

　　煤基质的吸附膨胀变形不仅会影响煤中裂隙的体积,而且对煤的体积也有一定的影响,即煤吸附瓦斯后产生的变形不会单纯地作用于裂隙体积,也不会全部作用于煤体积。因此,有学者[168,213]在研究煤的吸附变形时引入了一个变形系数 f_m(即基质内部膨胀变形率),用于表示煤基质吸附变形作用在裂隙体积方面的部分与总的吸附变形的比值。一般情况下,f_m 的数值大小主要受到煤自身结构的影响,当煤的基质吸附变形完全作用于裂隙空间的改变时,$f_m=1$;相反,当煤的基质吸附变形完全作用于煤的体积的改变时,$f_m=0$;一般情况下,f_m 的取值介于 $0\sim1$。

　　根据前文的分析可知,煤的基质吸附瓦斯后产生的变形既能改变煤的裂隙体积,又能改变煤的体积,经过研究发现,如果以压缩为正,那么煤的吸附变形作用于裂隙体积和煤的体积的应变量分别为[220]:

$$\mathrm{d}\varepsilon_f^a = -\frac{\mathrm{d}V_f^a}{V_f} = \frac{f_m V_m}{V_f}\mathrm{d}\varepsilon_m^a = \frac{f_m(1-\phi_f)}{\phi_f}\mathrm{d}\varepsilon_m^a \tag{4-8}$$

$$\mathrm{d}\varepsilon_c^a = -\frac{\mathrm{d}V_c^a}{V_c} = -\frac{(1-f_m)V_m}{V_c}\mathrm{d}\varepsilon_m^a = -(1-f_m)(1-\phi_f)\mathrm{d}\varepsilon_m^a \tag{4-9}$$

式中　ε_f^a——煤基质吸附膨胀变形用于改变煤的裂隙的体积应变;

　　　V_f^a——煤基质吸附膨胀变形用于改变煤的裂隙的体积,mL;

　　　V_f——煤原始裂隙体积,mL;

　　　V_m——煤基质原始体积,mL;

　　　ϕ_f——煤的原始裂隙孔隙率;

　　　ε_m^a——煤基质吸附膨胀应变;

　　　ε_c^a——煤基质吸附膨胀变形用于改变煤的体积应变;

　　　V_c^a——煤基质吸附膨胀变形用于改变煤的体积,mL;

　　　V_c——煤的原始体积,mL。

有关煤的吸附变形工作的研究,国内外已经做了大量的工作[221-223]。在我国,煤炭科学研究总院抚顺研究院和中国矿业大学在这方面开展的工作较早。通过对大量煤的吸附变形规律的研究发现,在自由状态下,煤基质的吸附变形和煤基质内部吸附的瓦斯量呈现正相关关系,基质吸附变形量和吸附瓦斯气体的平衡压力基本符合朗缪尔关系式,通过数学表达式可以表示为[224]:

$$\varepsilon_m^a = \frac{\varepsilon_{max}^a p}{p + p_\varepsilon} \tag{4-10}$$

式中 ε_{max}^a ——煤基质吸附最大应变;

p_ε ——煤基质吸附变形朗缪尔压力,和朗缪尔吸附常数 p_L 类似,表示当煤基质吸附膨胀应变达到煤基质吸附膨胀最大应变的一半时对应的气体压力,MPa。

根据公式(4-9)可知,煤基质吸附膨胀引起的煤的体积应变为:

$$\varepsilon_c^a = (1 - f_m)(1 - \phi_f)\varepsilon_m^a \tag{4-11}$$

由于实际情况下,$\phi_f \ll 1$,因此,结合公式(4-10)和式(4-11)可得:

$$\varepsilon_c^a = (1 - f_m)\frac{\varepsilon_{max}^a p}{p + p_\varepsilon} \tag{4-12}$$

如果定义煤的最大吸附体积应变为 $\varepsilon_{cmax}^a = (1 - f_m)\varepsilon_{max}^a$,则上式可以转化为:

$$\varepsilon_c^a = \frac{\varepsilon_{cmax}^a p}{p + p_\varepsilon} \tag{4-13}$$

因此,通过不同吸附平衡压力下的煤的体积应变与平衡压力的关系作图,然后使用公式(4-13)对数据点进行拟合,即可获得煤的最大体积应变和煤基质吸附变形朗缪尔压力。下面将介绍不同吸附平衡压力下煤体积应变的获取方法。

在实验室测试煤吸附具有一定压力的瓦斯气体后产生的体积应变时,需要向原煤或者型煤中注入设计所需压力的瓦斯气体,而该压力下的瓦斯气体可将包裹着原煤或型煤试样的用于密封的热缩管冲破,进而导致实验系统管路中充入液压油使实验失败并损伤仪器设备。因此,为了防止该类事故的发生,必须在向原煤或型煤试样中注入具有一定压力的瓦斯气体之前,先向三轴实验台的腔体中注入液压油并通过径向液压泵向原煤或者型煤试样施加一定的压力(该压力要大于所要注入瓦斯气体的压力值),即所说的静水压。由此可知,所测试的不同瓦斯压力下的煤的吸附膨胀体积应变均小于实际值,该差值正是受静水压和游离气体影响的体积应变值。为了准确获得煤吸附瓦斯以后煤的体积膨胀与瓦斯压力之间的关系,需要在处理实验结果时将该差值考虑进去。总的来说,煤吸附引起的体积应变量可以通过两种方式获得。一是根据实验数据计算,具体方法为:首先给煤施加一定的静水压,然后注入非吸附性气体氦气,待平衡后记录煤的轴向和径向的应变值 ε_{100} 和 ε_{300}(压缩为正),接着对煤抽真空排除其内部的氦气,之后再注入相同压力下的吸附性气体甲烷,待达到吸附平衡后记录此时的轴向和径向的应变值 ε_{110} 和 ε_{310},最后根据下面的公式计算煤的吸附膨胀引起的体积应变:

$$\varepsilon_{cc}^{a} = (\varepsilon_{100} + 2\varepsilon_{300}) - (\varepsilon_{110} + 2\varepsilon_{310}) \tag{4-14}$$

式中 ε_{cc}^{a}——吸附作用引起的煤的体积应变。

二是将实验数据与理论推导相结合计算,具体方法为:首先对煤样施加一定的静水压,然后注入具有一定压力的瓦斯气体,记录瓦斯气体达到吸附平衡后的轴向和径向的应变值 ε_{110} 和 ε_{310},接着根据煤的弹性模量和泊松比利用式(4-14)计算出煤样在有效应力作用下产生的体积应变 ε_{00}(煤基质的体积模量远大于煤的体积模量),最后利用式(4-15)计算煤的吸附膨胀引起的体积应变。

$$\varepsilon_{00} = \frac{1}{K}(\bar{\sigma} - p) = \frac{3(1-2\nu)}{E}(\bar{\sigma} - p) \tag{4-15}$$

式中 E——煤的弹性模量,MPa;

ν——煤的泊松比;

$\bar{\sigma}$——平均主应力,MPa,$\bar{\sigma} = (\sigma_1 + \sigma_2 + \sigma_3)/3$。

$$\varepsilon_{cc}^{a} = \varepsilon_{00} - (\varepsilon_{110} + 2\varepsilon_{310}) = \frac{3(1-2\nu)}{E}(\bar{\sigma} - p) - (\varepsilon_{110} + 2\varepsilon_{310}) \tag{4-16}$$

本书在进行吸附变形实验时,静水压固定为 8 MPa,氦气和甲烷压力分别为 1 MPa、2 MPa、3 MPa、4 MPa 和 5 MPa。对上述两种方式均进行了探讨,并比较了通过两种不同形式得到的不同双重孔隙结构等效特征下的煤基质吸附膨胀引起的体积应变结果,具体如表 4-8 所示。

表 4-8　不同双重孔隙结构等效特征下的煤的基质吸附膨胀变形结果

煤体试样	粒径/mm	等效基质尺度/mm	不同吸附平衡压力下煤的体积应变(第一种方法)				
			1 MPa	2 MPa	3 MPa	4 MPa	5 MPa
型煤	0.01~0.041	0.003 5	0.011 4	0.015 8	0.017 7	0.020 1	0.021 7
	0.041~0.074	0.004 9	0.010 6	0.014 2	0.016 9	0.019 5	0.020 3
	0.074~0.125	0.008 9	0.010 0	0.013 3	0.015 9	0.017 8	0.019 5

表 4-8(续)

煤体试样	粒径 /mm	等效基质尺度 /mm	不同吸附平衡压力下煤的体积应变(第一种方法)				
			1 MPa	2 MPa	3 MPa	4 MPa	5 MPa
型煤	0.125~0.2	0.018 3	0.009 1	0.012 0	0.014 2	0.016 1	0.018 2
	0.2~0.25	0.041 9	0.008 5	0.011 1	0.013 4	0.015 1	0.016 6
	0.25~0.5	0.064 4	0.007 8	0.010 2	0.012 3	0.013 5	0.015 4
	0.5~1	0.076 9	0.006 2	0.009 2	0.010 7	0.012 2	0.013 6
原煤	—	0.269 6	0.001 0	0.001 3	0.001 6	0.001 8	0.002 1

煤体试样	粒径 /mm	等效基质尺度 /mm	不同吸附平衡压力下煤的体积应变(第二种方法)				
			1 MPa	2 MPa	3 MPa	4 MPa	5 MPa
型煤	0.01~0.041	0.003 5	0.010 9	0.015 0	0.017 3	0.019 4	0.020 9
	0.041~0.074	0.004 9	0.010 1	0.013 7	0.016 4	0.018 5	0.019 7
	0.074~0.125	0.008 9	0.009 1	0.012 4	0.015 6	0.017 0	0.018 3
	0.125~0.2	0.018 3	0.008 7	0.011 3	0.013 3	0.015 8	0.016 4
	0.2~0.25	0.041 9	0.007 6	0.010 0	0.012 8	0.013 9	0.014 9
	0.25~0.5	0.064 4	0.007 0	0.009 4	0.011 1	0.012 4	0.014 0
	0.5~1	0.076 9	0.005 3	0.008 7	0.010 0	0.011 3	0.012 1
原煤	—	0.269 6	0.000 5	0.000 6	0.000 8	0.001 0	0.001 1

从表 4-8 中可以发现,通过实验室实验(第一种方法)测得的结果要略大于理论计算(第二种方法)的结果,这主要是因为在理论计算时,为了方便而认为煤基质的体积模量远大于煤体体积模量,即认为有效应力 Biot 系数等于 1,从而使得计算出来的由有效应力引起的煤的体积应变偏小,导致最终获得的煤的吸附变形数值也偏小。从表中还可以发现,该误差对原煤试样的影响要远大于型煤试样,其结果的变化量可达 1 倍左右。基于此,在后文的分析中,均采用实验室实验测试出的结果进行分析讨论。为了获得煤基质吸附膨胀最大应变和煤基质吸附变形朗缪尔压力,将上表中第一种方法测试获得的不同平衡压力对应的煤的体积应变绘图于直角坐标系中,然后分别利用公式(4-13)进行拟合,结果如图 4-31 和表 4-9 所示。

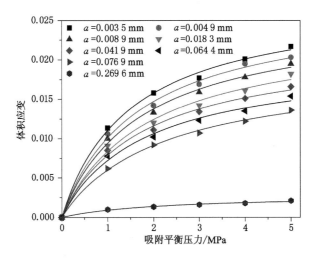

图 4-31　煤的体积应变与吸附平衡压力之间的关系

表 4-9　煤的体积应变与吸附平衡压力之间关系拟合结果

煤体试样	粒径/mm	等效基质尺度/mm	ε_{cmax}^{a}	p_{ε}/MPa	R^2
	0.01~0.041	0.003 5	0.027 7	1.506 2	0.996 8
	0.041~0.074	0.004 9	0.027 1	1.681 2	0.996 0
	0.074~0.125	0.008 9	0.025 6	1.714 7	0.995 5
型煤	0.125~0.2	0.018 3	0.024 0	1.867 4	0.990 3
	0.2~0.25	0.041 9	0.021 9	1.774 4	0.993 5
	0.25~0.5	0.064 4	0.020 0	1.767 9	0.990 8
	0.5~1	0.076 9	0.019 1	2.170 0	0.997 1
原煤	—	0.269 6	0.002 8	2.122 1	0.986 1

　　由表 4-9 可知,煤的最大吸附膨胀应变随着煤的等效基质尺度的增大而减小,型煤试样的最大吸附膨胀变形量是原煤的 6~10 倍。吸附膨胀变形量随煤的等效基质尺度的变化规律与前文中煤的瓦斯吸附量随煤的等效基质尺度的变化规律一致,说明煤的吸附膨胀变形受控于煤的双重孔隙结构特征,这也为后文中构建基于双重孔隙结构等效特征煤的渗透率演化模型奠定了基础。

第5章　基于双重孔隙结构
等效特征煤的渗透性演化规律

瓦斯是在成煤地质历史时期由腐殖型有机物生成的,在煤炭开采过程中,它严重威胁着煤矿的安全生产,亦是导致矿井瓦斯爆炸、煤与瓦斯突出、瓦斯燃烧和窒息等事故的主要因素。近年来,人们发现瓦斯虽然是引起许多矿井灾害的罪魁祸首,但却是一种非常清洁的能源资源,一旦大规模开采,其产生的经济效益将是无比巨大的。无论是出于消除煤与瓦斯突出危险性的目的,还是为了充分发挥瓦斯的清洁能源的功效,将瓦斯从煤层中分离出来都是煤矿开采过程中的首要任务。众所周知,渗透率是影响煤层气储层中瓦斯运移的主要因素,其大小决定着煤层气产出量的大小和矿井瓦斯抽采的难易程度。为了有效地预测煤储层中瓦斯的运移规律,必须对影响煤层瓦斯运移规律的煤储层渗透率的演化机制进行深入的探讨。根据目前的研究[26,168]可知,煤的渗透率受多重因素的影响,总体可以分为外部因素和内部因素两大类,其中内部因素主要包括煤的基质尺度、基质吸附变形特性、裂隙密度、裂隙连通性以及裂隙宽度等,外部因素主要包括瓦斯压力、应力、温度、含水率等。目前,煤的渗透性测试主要是在实验室进行,通常情况下,所用实验试样是由现场取到的块煤制备的原煤试样,而在有些矿区或者煤层(比如构造煤层)不具备制取原煤试样时,学者们也会采用由煤粉压制成的型煤试样来代替[225]。

5.1　实验方法与实验步骤

5.1.1　渗透性实验方法与设备

本书进行煤的渗透性实验所用仪器仍然为中国矿业大学煤矿瓦斯治理国家工程研究中心的煤岩"吸附-渗透-力学"耦合特性测试仪,测试仪结构如图5-1所示。该仪器的详细情况已经在第4章进行了介绍。

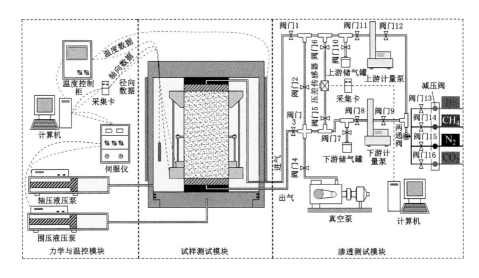

图 5-1　仪器结构原理图

　　在实验室进行煤的渗透性实验的理论基础是达西定律,以此为据,学者们探讨了多种测试煤的渗透率的方法。目前比较成熟的方法主要有稳态法和瞬态压力脉冲法两种,下面对两种方法分别进行详细介绍。

　　(1) 稳态法[226]主要适用于渗透率较大的煤岩试样,使用该方法进行煤岩渗透性实验时必须使煤岩内部形成稳定的气体流场,然后记录煤岩试样两端的气体压力和流量。使用稳态法进行煤的渗透率测试时所用公式为:

$$k = \frac{2 p_{in} Q_F L \mu}{A_{coal}(p_1^2 - p_2^2)} \qquad (5-1)$$

式中　p_{in}——实验室内大气压力,MPa;

　　　　Q_F——煤岩试样内部形成稳定流场后的气体流量,cm^3/s;

　　　　L——煤岩试样长度,mm;

　　　　μ——气体动力黏度,Pa·s;

　　　　A_{coal}——煤岩试样横截面面积,mm^2;

　　　　p_1——煤岩试样进口处的气体压力,MPa;

　　　　p_2——煤岩试样出口处的气体压力,MPa。

　　在使用稳态法进行渗透率测试时,有学者[226]为了简化计算或者由于实验设备的限制而将煤岩试样的出口端直接暴露于室内大气环境中,使得煤岩体试样内部形成稳定流场后出口端压力与实验室内大气压力相等,即 $p_2 = p_{in}$,此时,可以在出口端使用流量计测试气体流量,然后结合进口端气体压力以及煤岩试样的物性参数即可求得煤岩体渗透率,此种方法在原理上是可行的,但是在操作方面却不够精确,另外,这样也很容易使空气等杂质气体进入煤岩试样。在采用稳态法进行煤岩试样渗透率测试时也可使用两台高精度计量泵,分别用于进口处和出口处气体压力和流量的测试,这样可以很好地保证测试结果的精确性。

(2) 瞬态压力脉冲法[227]主要适用于渗透率较小的煤岩试样,使用该方法进行煤岩体渗透率测试时,不需要使气体在煤岩体试样内部裂隙空间中形成稳定的流场。其测试原理是,首先使煤岩体试样两端气体压力实现动态平衡,然后在气体进口端突然充入具有一定压力的气体并快速关闭阀门,相当于给煤岩试样施加一个瞬时压力脉冲。此后,煤岩试样内部气体在压力差作用下由高压端向低压端流动,使试样内部形成渗流场,导致煤岩试样两端压力差持续压降,直至重新实现压力平衡。根据研究发现,煤岩试样两端压力差是时间的函数,如公式(5-2)所示[160],其基本原理图如图 5-2 所示。

$$p_u(t) - p_d(t) = [p_u(t_0) - p_d(t_0)] e^{-\alpha_k t} \qquad (5-2)$$

式中　$p_u(t)$——t 时刻上游储气罐中的气体压力,MPa;

　　　$p_d(t)$——t 时刻下游储气罐中的气体压力,MPa;

　　　$p_u(t_0)$——初始时刻上游储气罐中的气体压力,MPa;

　　　$p_d(t_0)$——初始时刻下游储气罐中的气体压力,MPa;

　　　α_k——煤岩试样上下端面气体压差随时间变化过程中的指数拟合因子。

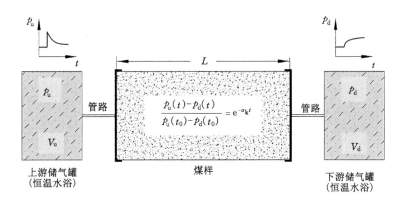

图 5-2　瞬态压力脉冲法测试渗透率的基本原理图[228]

实验中,煤岩试样上下端面气体压差随时间的衰减过程可由压差传感器、数据采集卡以及电脑进行采集和存储。由数据采集系统采集到的压力差随时间的变化曲线如图 5-3 所示,横坐标表示时间,纵坐标表示压力差。利用公式 (5-2)对图中的曲线进行拟合即可获得衰减指数因子 α_k。同时,衰减指数因子 α_k 还可以通过下面的公式求解[160]:

$$\alpha_k = \frac{kA_{\text{coal}}}{\mu ZL}\left(\frac{1}{V_u} + \frac{1}{V_d}\right) \tag{5-3}$$

式中　A_{coal}——煤岩试样横截面面积,mm^2;

　　　μ——气体动力黏度,Pa·s;

　　　Z——气体压缩因子,Pa^{-1};

　　　L——煤岩试样长度,mm;

　　　V_u——上游储气罐内部体积,m^3;

　　　V_d——下游储气罐内部体积,m^3。

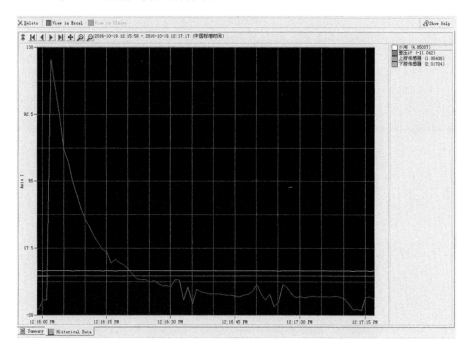

图 5-3　瞬态压力脉冲法中压差传感器测得的压差与时间的关系

如果上下游储气罐内部体积相等并且忽略管路体积的话,上式可以转化为:

$$\alpha_k = \frac{2kA_{coal}}{\mu ZLV_u} \tag{5-4}$$

定义储气罐储留系数 $S_u = ZV_u$，用来表征储气罐内气体体积受单位压差的影响程度。则上式可以简化为：

$$\alpha_k = \frac{2kA_{coal}}{\mu LS_u} \tag{5-5}$$

上式中，只有渗透率 k 是未知数，其余参数都可以实际测量或者通过实验测试分析获得，将已知参数代入公式(5-5)中即可求得渗透率 k。

以上两种测试渗透率的方法针对不同的煤岩试样有各自不同的优点。对于渗透率较大的试样来说，试样上下游两端的压差衰减得非常快，在较短时间内实现煤岩试样两端气体压力相等，在这期间无法采集到足够多的有效数据用于拟合获得衰减指数因子 α_k，因此，这一类的煤岩试样采用稳态法测试渗透率较为合适；而对于渗透率较小的试样来说，要使其内部形成稳定的气体流场，需要很高的压力和很长的平衡时间，即使如此，形成稳定流场后其流量也往往很小，难以准确测量，所以这一类的煤岩试样适合使用瞬态压力脉冲法测试其渗透率。本书根据实际情况，在进行煤的渗透性实验时将两种方法结合起来使用。

5.1.2　渗透性实验试样与方案

本书使用的煤体试样是由不同粒径范围煤粉压制成的型煤试样和由煤块中直接钻取获得的原煤试样，其中压制型煤试样所用煤粉粒径范围分别为 $0.01 \sim 0.041$ mm、$0.041 \sim 0.074$ mm、$0.074 \sim 0.125$ mm、$0.125 \sim 0.2$ mm、$0.2 \sim 0.25$ mm、$0.25 \sim 0.5$ mm 和 $0.5 \sim 1$ mm。本书开展了不同应力路径下的原煤试样和型煤试样的渗透率测试实验。选择的加载条件有两种：静水压条件和三轴应力加载条件。下面分别对两种加载条件进行具体说明。

1. 静水压加载条件下不同双重孔隙结构等效特征煤的渗透率测试

静水压条件下测试煤的渗透率所用气体分别为非吸附性气体 He 和吸附性气体 CH_4。静水压加载条件可以获得不同边界（比如固定静水压力、固定气体压力或者固定有效应力等）条件下煤的渗透率演化规律，同时还可以研究基于双重孔隙结构等效特征的煤基质吸附膨胀变形特性及其对煤的渗透性演化规律的影响。本书中静水压加载条件实验中所施加的静水压力分别为 2 MPa、3 MPa、4 MPa、5 MPa、6 MPa、7 MPa 和 8 MPa，而所使用的气体平衡压力分别为 1 MPa、2 MPa、3 MPa、4 MPa 和 5 MPa。正如前文中所述,在实验时,始终需要保持围压大于气体压力,否则气体将会冲破包裹在煤体试样周围的密封材料进入液压油中,同时也会使部分液压油涌入气体管路和上下游储气罐中,导致得不到实验测试结果或者得到误差非常大的实验测试结果。静水压加载条件下不同双重孔隙结构等效特征煤的渗透特性测试具体方案如表 5-1 所示。

表 5-1　静水压加载条件下不同双重孔隙结构等效特征煤的渗透率测试方案

煤体试样	瓦斯压力/MPa	静水压力/MPa						
		2	3	4	5	6	7	8
型煤	1	2	3	4	5	6	7	8
	2	—	3	4	5	6	7	8
	3	—	—	4	5	6	7	8
	4	—	—	—	5	6	7	8
	5	—	—	—	—	6	7	8
原煤	1	2	3	4	5	6	7	8
	2	—	3	4	5	6	7	8
	3	—	—	4	5	6	7	8
	4	—	—	—	5	6	7	8
	5	—	—	—	—	6	7	8

静水压加载条件下,不同双重孔隙结构等效特征煤的渗透率实验按以下步骤进行:

(1) 利用真空干燥箱对煤体试样进行干燥以除去煤体试样中的水分,待干燥结束后取出煤体试样,使用游标卡尺测量其直径和高度,并用电子天平称其质量,记录测量结果。

(2) 将煤样放置在特定的实验装置上,然后在煤体试样周围均匀地涂抹上704 硅胶,待所涂抹的 704 硅胶凝固后,使用热缩管套在煤体试样的周围并通过热风枪对热缩管加热使其紧密地附着在煤体试样周围,接着使用密封胶带紧紧地缠绕在热缩管的上、下两端。

(3) 打开电脑主机和伺服仪,将上述包裹好的煤体试样放置于三轴实验台的测定室内,将轴向应变接头和径向应变接头分别插入相应的传感器槽中,并将上、下游的气体管路分别与实验装置的相应接口相连,然后对电脑主机测试软件中的轴向应变计和径向应变计示数进行清零操作,接着在煤体试样外侧固定好径向应变计和轴向应变计。煤体试样的安装示例如图 5-4 所示。

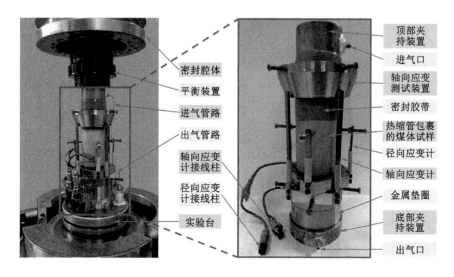

图 5-4　煤体试样安装示例图

（4）合上三轴实验台的腔体,再次对电脑主机测试软件中的轴向应变计和径向应变计示数进行清零操作,然后开启液压泵,向实验腔体中注入液压油,待注油结束后,将高精度温度控制系统调节到实验所需的值,接着对煤体试样施加所需的静水压力。

（5）打开气体管路相应阀门,然后开启真空泵,对煤体试样和气路系统进行抽真空脱气,脱气时间不少于 48 h,待真空脱气完成后,关闭脱气阀门和真空泵。

（6）使用计量泵向气路系统和煤体试样中充入具有一定压力的气体,同时观察记录计量泵内气体体积以及煤体试样的轴向应变和径向应变示数,待三者均保持恒定时即可认为达到平衡状态。

（7）按照事先设计好的实验方案分别改变静水压力和气体平衡压力的值,并依次进行煤体试样的渗透率测试。

2. 三轴应力加载条件下不同双重孔隙结构等效特征煤的渗透率测试

三轴应力加载条件下煤的渗透率测试实验主要是为了探讨在全应力应变过程中煤的变形损伤及其对渗透率演化规律的影响,在该实验中所使用气体为吸附性气体 CH_4。实验中,不同双重孔隙结构等效特征煤样各做 3 组,所施加的静水压力分别为 2 MPa、3 MPa 和 4 MPa,而所施加的气体平衡压力均为 1 MPa。三轴加载条件下不同双重孔隙结构等效特征煤的渗透率测试具体方案如表 5-2 所示。

表 5-2　三轴加载条件下不同双重孔隙结构等效特征煤的渗透率测试方案

煤体试样	粒径 /mm	等效基质尺度 /mm	瓦斯压力 /MPa	静水压力 /MPa		
型煤	0.01~0.041	0.003 5	1	2	3	4
	0.041~0.074	0.004 9	1	2	3	4
	0.074~0.125	0.008 9	1	2	3	4
	0.125~0.2	0.018 3	1	2	3	4
	0.2~0.25	0.041 9	1	2	3	4
	0.25~0.5	0.064 4	1	2	3	4
	0.5~1	0.076 9	1	2	3	4
原煤	—	0.269 6	1	2	3	4

　　三轴加载条件下,不同双重孔隙结构等效特征煤的渗透率实验按照以下步骤进行:

　　(1) 重复静水压加载条件下的实验步骤(1)、(2)和(3)。

　　(2) 在渗透率测试装置上部放置平衡装置,合上三轴实验台的腔体。通过伺服仪控制轴向液压泵给煤体试样施加一较小的轴向载荷(一般不超过 200 N),以此保证压力机的压头和煤的渗透率测试装置顶部紧密接触。

　　(3) 再次对电脑主机测试软件中的轴向应变计和径向应变计示数进行清零操作,然后开启液压泵向实验腔体中注入液压油,待注油结束后,将高精度温度控制系统调节到实验所需的值,接着对煤体试样施加所需的静水压力。

　　(4) 重复静水压加载条件下的实验步骤(5)和(6)。

　　(5) 通过轴向液压泵按照 40 N/s 的加载速度对煤体试样进行加载,待到煤样达到塑性变形阶段以后立即改成 10 mm/min 的加载速度。在加载过程中,每经过一定间隔或者根据煤样所受差应力的变化连续测试渗透率值并做好记录。

5.2　基于双重孔隙结构等效特征煤的渗透率演化实验

　　在煤炭开采时,煤层瓦斯是影响安全生产的重要因素之一,尤其是突出矿井。目前,比较直接而且有效的消除煤与瓦斯突出危险性的方法就是瓦斯抽采,同时,瓦斯抽采也是煤层气开采工业中最基本的理论方法。在瓦斯抽采过程中,煤基本不发生塑性破坏,煤的渗透率的改变主要是通过煤周围地应力和煤内部瓦斯压力的改变引起的。根据莫尔-库仑理论可知,实验室静水压加载条件下煤处于弹性阶段,因此本书针对不同双重孔隙结构等效特征的煤样开展了多种边界条件下的静水压加载实验。而在煤层回采或者对低渗透煤层进行增透时,煤自身结构会发生复杂的变形损伤,对于此类情况中煤中瓦斯运移及渗透性演化规律多是通过三轴应力加卸载条件下的实验来测试分析。同时,加载和卸载在理论上均是促使煤达到破坏极限之后发生破坏,二者所要达到的效果是相同的[213],因此,本书开展了多组不同双重孔隙结构等效特征煤在三轴应力加载条件下的渗透率实验。

5.2.1　静水压条件下煤的渗透率演化规律

在煤矿现场,煤并不是孤立的,它会受到来自四面八方的外部荷载的作用,其中主要是地应力;同时,煤内部含有大量的瓦斯,而瓦斯的赋存形式可分为游离态和吸附态两种。外部荷载和内部游离态气体压力构成了煤所受的有效应力,而吸附态瓦斯气体则导致煤基质发生膨胀变形。有效应力和吸附膨胀变形作用是影响煤的渗透性的两大主要因素。对于这两大因素的作用程度,国内外学者开展了大量的研究,目前,吸附膨胀变形作用和有效应力通过相互竞争的方式共同影响着煤的渗透性的观点为众多学者所认可[26,168,229]。为了从实验角度探讨不同双重孔隙结构等效特征煤的吸附膨胀变形和有效应力的竞争关系,以及两种因素对煤的渗透率演化规律的影响,本书分别使用吸附性气体 CH_4 和非吸附性气体 He 对原煤试样和由不同粒径煤粉压制而成的型煤试样进行了静水压条件下的渗透性实验。

在进行有效应力对不同双重孔隙结构等效特征煤的渗透性影响的实验研究时,煤的有效应力 Biot 系数是一不可或缺的重要参数。有效应力 Biot 系数通常被用来表征煤基质的变形,它反映了煤基质体积模量与煤的体积模量之间存在的差异程度[26,168,213]。一般情况下,煤基质体积模量要远大于煤的体积模量,因此,一些学者[26,213]习惯于将煤的有效应力 Biot 系数值设为 1;但是也有部分学者[168]通过实验证明在多数情况下煤的有效应力 Biot 系数并不能简单地认为等于 1,而是一个小于 1 的正数。在本小节分析时,为了便于定量化有效应力参数并以此来描述煤的渗透性演化规律受有效应力的影响程度,先假设煤的有效应力 Biot 系数为 1,即煤体试样所受有效应力等于外部静水压力减去内部气体压力,而对于实际煤的有效应力 Biot 系数取值情况,将在后面的渗透率演化模型构建时加以探讨。

　　基于不同煤的双重孔隙结构等效特征,分别获得了不同气体作用和不同边界条件下煤的渗透率数据,如图 5-5～图 5-8 所示。

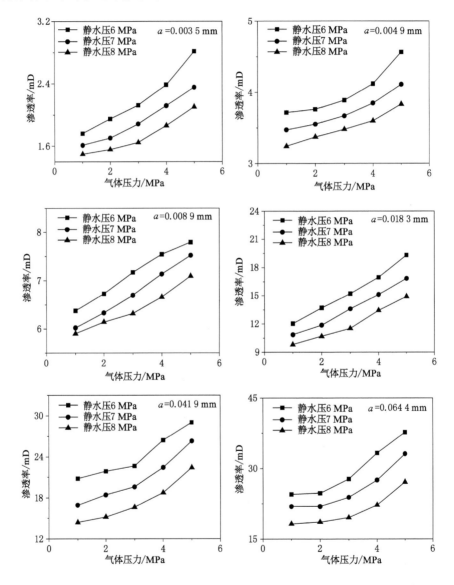

图 5-5　等外力条件下不同双重孔隙结构等效特征煤的渗透率演化规律(氮气)

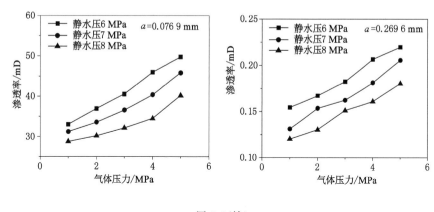

图 5-5(续)

由图 5-5 可知,在等外力条件下,对于不同双重孔隙结构等效特征煤样来说,其氦气渗透率均随着氦气平衡压力的增加而增加。这是因为氦气是非吸附性气体,当使用氦气作为测试气体时,煤的渗透率不受基质吸附膨胀变形的影响,此时只有有效应力一个因素决定着煤的渗透性,有效应力越小,煤的渗透率越大,而在外部荷载恒定的情况下,有效应力随着氦气平衡压力的增加而降低,因此煤的渗透率随着氦气平衡压力的增加而增加。从图 5-5 还可以发现,原煤的渗透率远小于由不同粒径煤粉压制而成的型煤,并且原煤试样的渗透率随着气体压力增加而改变的幅度亦较小,而型煤的渗透性则是随着等效基质尺度的增加而增加,且增加的幅度也越来越大。

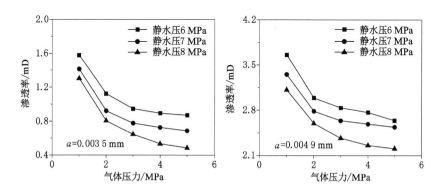

图 5-6　等外力条件下不同双重孔隙结构等效特征煤的渗透率演化规律(甲烷)

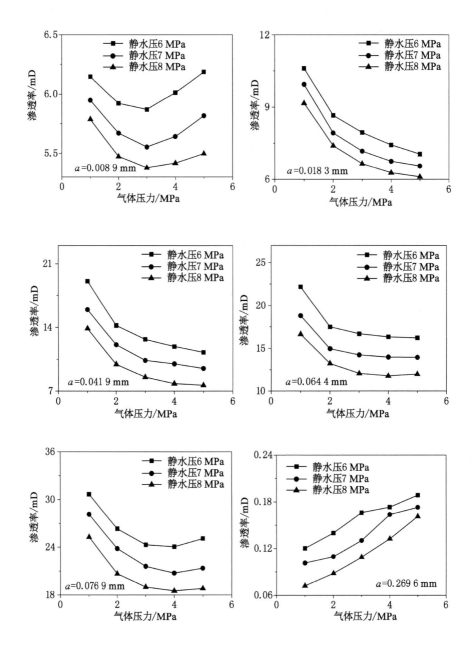

图 5-6(续)

　　由图 5-6 可知,在等外力条件下,对于不同双重孔隙结构等效特征煤样来说,其甲烷渗透率和氦气渗透率有明显差异,并且原煤的甲烷渗透率变化趋势和不同双重孔隙结构等效特征型煤也不同。虽然有效应力同样是随着甲烷气体平衡压力的增加而降低,但是,此时有部分型煤的渗透率却随着甲烷气体平衡压力的增加而降低,另有部分型煤随甲烷平衡压力的增加呈现出先降低后增加的趋势,而原煤的甲烷渗透率则均是随着甲烷气体平衡压力的增加而增加。这是因为甲烷是吸附性气体,当使用甲烷作为测试气体时,煤的渗透率同时受到基质吸附膨胀变形和有效应力的双重影响,正如前面所说,这两种影响因素之间存在着相互竞争的关系。煤基质吸附膨胀引起煤的裂隙宽度减小,使煤的渗透率降低;而有效应力降低导致煤的有效裂隙宽度增加,使煤的渗透率增加。从图 5-6 可以发现,对于型煤试样来说,当气体平衡压力较低时,基质吸附膨胀变形是煤的渗透性的主要影响因素,此时煤的渗透率随着甲烷气体平衡压力的增加而降低,而当气体平衡压力增大时,有效应力渐渐地在和煤基质吸附膨胀变形的竞争中占据优势,慢慢成为影响煤的渗透性的主控因素,此时煤的渗透率随着甲烷气体平衡压力的增加而降低的趋势逐渐变缓,甚至呈现出随着甲烷平衡压力的增加而增加的趋势;而对于原煤来说,有效应力一直在竞争中占据优势,因此煤的渗透率随着甲烷气体平衡压力的增加而增加。因此认为该差异和型煤的裂隙体积远大于原煤试样以及煤基质吸附变形作用于煤的裂隙体积有着密切关系。另外,比较图 5-5 和图 5-6 可以发现,煤的甲烷渗透率要小于同等条件下的氦气渗透率,并且甲烷渗透率随着气体压力的变化幅度也小于氦气渗透率,这也是受到了煤基质吸附膨胀变形的影响。

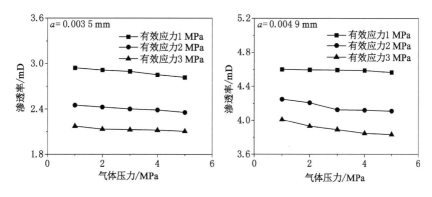

图 5-7　等有效应力条件下不同双重孔隙结构等效特征煤的渗透率演化规律(氦气)

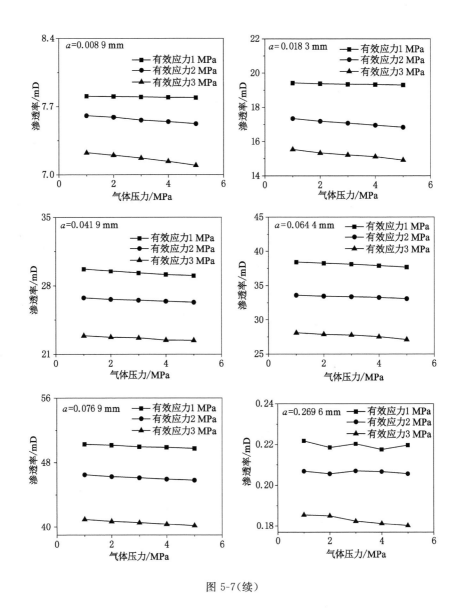

图 5-7（续）

由图 5-7 可知，在等有效应力条件下，对于不同双重孔隙结构等效特征煤样来说，其氦气渗透率随着氦气平衡压力增加而变化的幅度特别小。这是因为氦气是非吸附性气体，当使用氦气作为测试气体时，煤的渗透率只受有效应力的影响，因此在有效应力相同的情况下，煤的氦气渗透率基本不发生变化。从图 5-7 还可以发现,虽然型煤试样的氦气渗透率随气体平衡压力的改变而变化的幅度较小,但是也具有一定的规律性,即随氦气平衡压力的增加而缓慢降低。这是因为为了定量化煤的有效应力而在此处假设煤的有效应力 Biot 系数为 1,并以此认为有效应力等于外部静水压力减去内部气体平衡压力,而实际上有效应力 Biot 系数是一大于 0 且小于 1 的数值,这样一来,在外部静水压力和内部气体平衡压力之差为恒定值时,煤实际所受的有效应力是随着内部气体平衡压力的增大而缓慢增大的,由此导致煤的渗透率随氦气平衡压力的增加而缓慢降低,这也从实验角度证明了将煤的有效应力 Biot 系数设定为 1 是不精确的。另外,由图 5-7 可知,原煤的渗透率随气体平衡压力的增加而波动的幅度要大于型煤试样,这和原煤的各向异性有关,同时也反映出使用型煤研究煤的双重孔隙结构等效特征对其内部气体运移规律的影响机制是合理的。

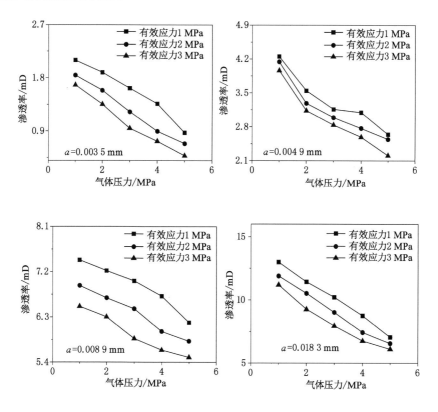

图 5-8　等有效应力条件下不同双重孔隙结构等效特征煤的渗透率演化规律(甲烷)

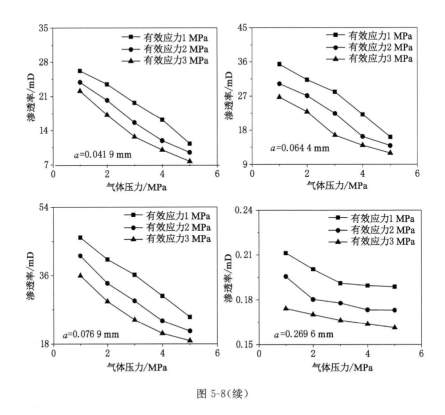

图 5-8(续)

　　由图 5-8 可知,在等有效应力条件下,对于不同双重孔隙结构等效特征煤体来说,其甲烷渗透率随着甲烷气体平衡压力的增加而不断降低。这是因为甲烷是吸附性气体,当使用甲烷作为测试气体时,煤受到有效应力和基质吸附膨胀变形两种因素的影响,而在有效应力基本不变的情况下,煤的渗透性基本不再受外部静水压力和内部平衡气体压力的影响或者说所受影响非常小,此时,煤的基质吸附膨胀变形成为影响煤的渗透性的主控因素。根据第 3 章的实验分析结果可知,在其余条件均相同的情况下,煤的甲烷吸附能力随着气体平衡压力的增加而增加,那么煤的基质吸附膨胀变形的程度也会增大,相应地,煤的基质吸附变形对煤中裂隙的压缩作用也会增大,导致煤的渗透率随着气体平衡压力的增加而降低。

　　为了更进一步从深层次研究煤的双重孔隙结构特征对其渗透性的影响,以甲烷气体平衡压力为 1 MPa 时等有效应力条件下的渗透性为基准,分别计算出了不同双重孔隙结构等效特征煤在甲烷气体平衡压力为 2 MPa、3 MPa、

4 MPa 和 5 MPa 时等有效应力条件下的渗透率衰减百分比,如图 5-9 所示。由于原煤试样自身存在复杂的各向异性结构特点,因此,此处只选取离散性小、结构更加均匀的型煤试样进行讨论分析。

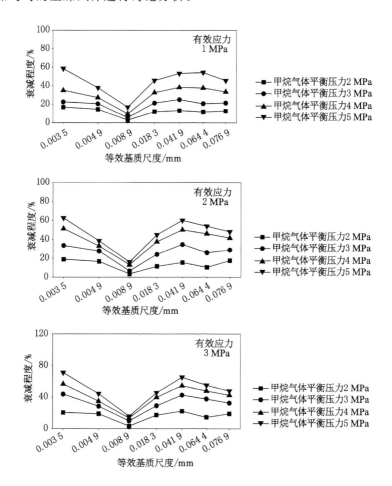

图 5-9　等有效应力条件下不同双重孔隙结构等效特征煤的渗透率衰减程度

从图 5-9 可以发现,在甲烷气体吸附平衡压力和有效应力均保持恒定的情况下,当煤的等效基质尺度小于等于 0.041 9 mm 时,煤的渗透率衰减程度随着等效基质尺度的增大呈现出先减小后增大的趋势,而当煤的等效基质尺度大于 0.041 9 mm 时,煤的渗透率衰减程度并没有呈现出较明显的变化规律。一般认为,在有效应力基本相同的情况下,影响煤的渗透性的主要因素就是煤的基质吸附膨胀变形,基质吸附膨胀变形越大,对裂隙宽度的压缩作用就越大,渗透率衰减程度也就越大,而煤的基质吸附膨胀变形和煤的吸附量是密切相关的,其余条件都相同的情况下,煤的吸附量越大,基质的吸附膨胀变形就越大。根据前面章节中对煤的双重孔隙结构以及煤的瓦斯吸附解吸特征的实验分析可知,型煤的吸附量是随着压制型煤所使用的煤粉粒径的增大(或者说型煤等效基质尺度的增大)而逐渐降低的,因此,随着型煤等效基质尺度的增大,煤基质的吸附膨胀变形越来越不明显,基于此,型煤渗透率的衰减程度应该是随型煤等效基质尺度的增大而逐渐降低的,但是,这显然是和图 5-9 中所示的实验结果相矛盾的。

为了寻找测试结果和理论分析之间矛盾的根源,本书在对煤的自身结构特性进行实验室实验分析的基础上,探讨了煤的双重孔隙结构等效特征对煤的渗透性演化规律的影响。由图 5-9 可知,对于相同甲烷气体平衡压力下煤的渗透性衰减程度来说,除了煤对甲烷气体的吸附量不同以外,各型煤的双重孔隙结构等效特征也是不同的,根据第 2 章的研究结论可知,型煤的等效基质尺度和等效裂隙宽度均随着压制型煤所用的煤粉粒径的增大而增大。根据刘清泉[26]、卢守青[213]等人的研究结果可知,煤的渗透特性受煤的双重孔隙结构的影响非常显著,一般情况下,煤对气体的吸附能力越强、煤的等效基质尺度越大,那么煤基质吸附特征的不均衡性对其渗透性演化规律的影响就越大。由此可知,在有效应力不变的情况下,煤的渗透性演化规律受到煤基质吸附膨胀变形程度和煤基质吸附特征不均衡性的双重控制,最终的演化规律是两种因素相互竞争的结果。就图 5-9 而言,压制型煤所使用的煤粉粒径较小(型煤等效基质尺度小于等于 0.008 9 mm)时,型煤的细观结构比较均匀,随着等效基质尺度的减小,型煤的吸附能力却越来越强,煤基质的吸附膨胀变形作用也就越来越显著,导致型煤渗透率衰减程度随着煤的等效基质尺度的减小而增大;当压制型煤所使用的煤粉粒径较大(型煤等效基质尺度大于 0.008 9 mm)时,型煤的吸附能力相对较弱,煤基质吸附膨胀变形作用相对不明显,而煤基质吸附特征的不均衡性对影响气体渗流的裂隙空间的作用却越来越大,随之而来的结果是,虽然有效应力相同时,煤的渗透率随瓦斯压力的增大而减小,但其相同条件下减小的幅度却随煤的等效基质尺度的增大而增大,导致型煤渗透率衰减程度随其等效基质尺度的增大而增大;但是当压制型煤所用煤粉粒径过大时,煤颗粒的极度不均匀性导致型煤内气体流动空间发育更加复杂,此时各因素均不足以单独对渗透率的衰减造成绝对的影响,渗透率衰减程度的变化已无法显现出明显的规律性,正如图 5-9 中等效基质尺度大于 0.041 9 mm 的型煤渗透率衰减程度一样,该情况也从侧面反映出在制备相对均匀的型煤试样时应尽量选用粒径较小的煤粉。

5.2.2　三轴加载条件下煤的渗透率演化规律

在煤矿施工过程中,煤巷的掘进、煤层的回采等均伴随着煤的塑性变形,而在塑性变形中,不仅牵涉煤的割理裂隙的变化,还包括煤基质尺度和数量的改变,因此,塑性变形时的渗透性变化远比静水压条件下复杂。为了获得不同双重孔隙结构等效特征煤样在塑性变化过程中的渗透性演化规律,本书测试分析了三轴加载条件下(即全应力应变过程中)不同阶段煤的渗透率。在实验过程中,采取的应力路径为固定围压和瓦斯气体吸附平衡压力而增加轴向压力直至煤样破坏。本书分别测试了围压 2 MPa 且瓦斯压力 1 MPa、围压 3 MPa 且瓦斯压力 1 MPa 和围压 3 MPa 且瓦斯压力 2 MPa 时全应力应变过程中不同双重孔隙结构煤的渗透率演化规律,结果如图 5-10～图 5-12 所示。

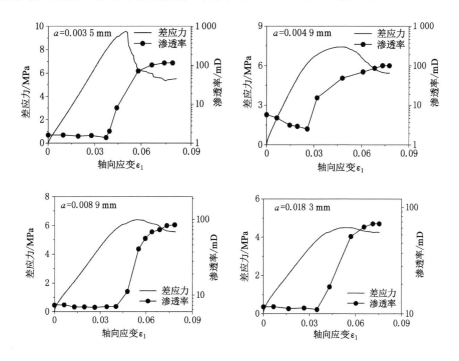

图 5-10　围压 2 MPa、瓦斯压力 1 MPa 时三轴加载过程中煤的渗透性演化规律

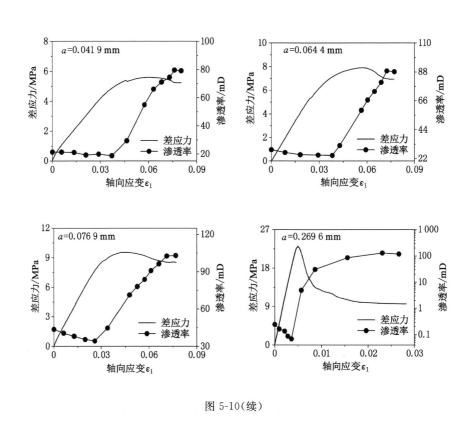

图 5-10(续)

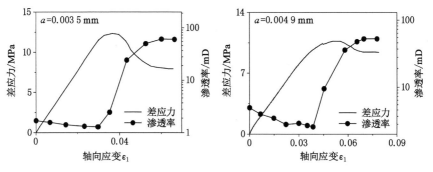

图 5-11 围压 3 MPa、瓦斯压力 1 MPa 时三轴加载过程中煤的渗透性演化规律

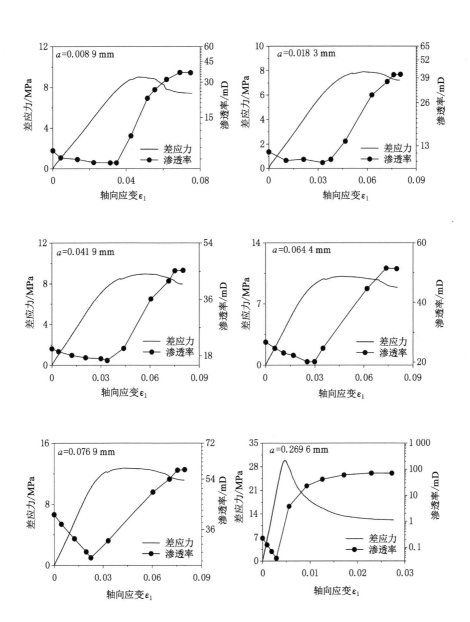

图 5-11(续)

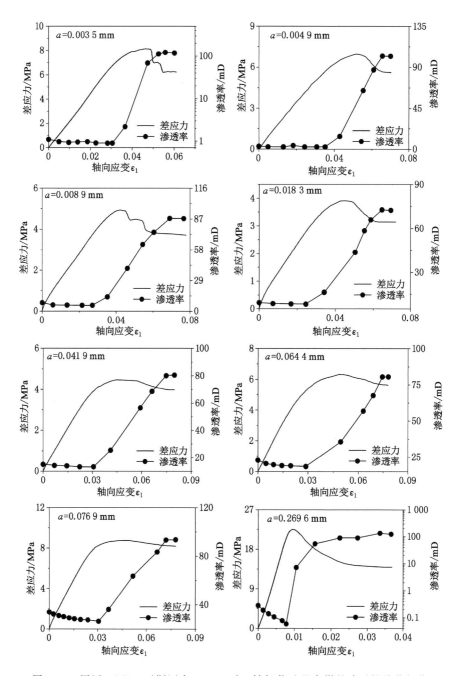

图 5-12　围压 3 MPa、瓦斯压力 2 MPa 时三轴加载过程中煤的渗透性演化规律

从图 5-10～图 5-12 中可以发现,相同条件下,不同双重孔隙结构等效特征煤在弹性阶段的渗透性均是随着轴向应变的增加呈现出缓慢递减的变化趋势,等效基质尺度越大,递减的相对幅度越大;在非线性弹塑性阶段,煤的渗透性开始随着轴向应变的增加而缓慢增大;而到了理想塑性和应变软化阶段之后,渗透率随着轴向应变的增加呈现出快速增加的趋势;在残余强度阶段,渗透性基本趋于稳定。其中,在上述三种条件下,当煤的渗透率稳定之后,和初始渗透率相比,原煤的渗透率分别增加了 480 倍、324 倍和 523 倍;型煤的渗透率则分别增加了 2.4～71 倍、1.5～39 倍和 2.8～116 倍,而且相同条件下,煤的等效基质尺度和等效裂隙宽度越小,增加的倍数就越大。根据第 4 章中的含瓦斯煤的力学实验结果可以知道,原煤的破坏基本属于脆性破坏,外部荷载超过其承受极限之后,煤发生非常明显的剪切破坏,形成明显的宏观裂纹甚至是断裂面;而对于型煤来说,其破坏属于延展性破坏,即先发生明显的扩容然后再出现剪切裂纹或多重剪切破坏,并且压制型煤所用的煤粉粒径越小,越容易出现宏观裂纹。无论是宏观裂纹还是断裂面,其相对于气体分子来说都是无比巨大的,相应地,煤的渗透率的增幅也是巨大的。

从图 5-10～图 5-12 中还可以发现,对于不同双重孔隙结构等效特征的型煤来说,相同条件下,煤在残余强度阶段的渗透率随着煤的等效基质尺度的增加呈现出先减小后增加的趋势。这是因为在等效基质尺度较小时,煤的破坏虽然经过了扩容阶段,但其最终的破坏形式和原煤试样类似,均能够形成宏观裂纹,而且等效基质尺度越小,该现象就越明显,渗透率也就越大;而当等效基质尺度过大时,煤的内部本身就存在较为发育的裂隙系统,虽然其最终的破坏大都以扩容为主而不形成明显的宏观裂痕,但是在扩容之后,其内部的裂隙连通性更好,更有利于气体的宏观流动。

5.3　基于双重孔隙结构等效特征煤的渗透率模型构建

5.3.1　线弹性阶段煤的渗透率演化模型

含瓦斯煤的渗透率主要是由煤中裂隙体积的改变引起的。在线弹性阶段,裂隙体积的主控因素包括两部分:一是有效应力,二是煤的基质吸附变形。因此,在构建煤的渗透率模型时,必须对由有效应力和煤的基质吸附变形引起的煤的体积应变和裂隙应变进行研究。在进行渗透率模型构建时,以下面两个假设为基础:一是将煤看成是各向同性的连续弹性体;二是将煤的变形看作是弹性变形,而且是小变形,在进行模型推导时将二阶以上的高阶项忽略掉,即在进行渗透率模型构建时可以将各个不同因素共同作用产生的变形直接相加。

1. 线弹性阶段煤的渗透率模型构建

根据有效应力原理,煤的体积应变和裂隙应变在外部应力和内部瓦斯压力组合而成的有效应力影响下的定量表征关系式为(以压缩为正)[229-230]:

$$d\varepsilon_c^e = -\frac{dV_c^e}{V_c} = \frac{1}{K}(d\bar{\sigma} - \alpha dp) = \frac{1}{K}d\bar{\sigma} - \left(\frac{1}{K} - \frac{1}{K_m}\right)dp \tag{5-6}$$

$$d\varepsilon_f^e = -\frac{dV_f^e}{V_f} = \frac{1}{K_f}(d\bar{\sigma} - \beta dp) = \frac{1}{K_f}d\bar{\sigma} - \left(\frac{1}{K_f} - \frac{1}{K_m}\right)dp \tag{5-7}$$

式中　ε_c^e——由有效应力产生的煤的体积应变;

　　　ε_f^e——由有效应力产生的煤的裂隙体积应变;

　　　V_c^e——有效应力作用下煤的体积改变量,mL;

　　　V_f^e——有效应力作用下煤的裂隙体积改变量,mL;

　　　V_c——煤的原始体积,mL;

　　　V_f——煤原始裂隙的体积,mL;

　　　$\bar{\sigma}$——平均应力,MPa,$\bar{\sigma} = \frac{1}{3}(\sigma_1 + \sigma_2 + \sigma_3)$;

　　　α——有效应力 Biot 系数,$\alpha = 1 - K/K_m$;

　　　β——煤裂隙的有效应力系数,$\beta = 1 - K_f/K_m$;

　　　K_f——煤裂隙的体积模量,MPa;

　　　K_m——煤基质的体积模量,MPa。

根据式(5-6)和式(5-7)可以获得下述关系式:

$$d\varepsilon_c^e - d\varepsilon_f^e = \frac{1}{K}(d\bar{\sigma} - \alpha dp) - \frac{1}{K_f}(d\bar{\sigma} - \beta dp)$$

$$= \left[\frac{1}{K}d\bar{\sigma} - \left(\frac{1}{K} - \frac{1}{K_m}\right)dp\right] - \left[\frac{1}{K_f}d\bar{\sigma} - \left(\frac{1}{K_f} - \frac{1}{K_m}\right)dp\right] \tag{5-8}$$

根据 Betti-Maxwell 互等定理[231]可知 $K_f = \phi_f K/\alpha$,另外,由于煤的体积模量远大于裂隙体积模量,因此上式可化简为:

$$d\varepsilon_c^e - d\varepsilon_f^e = -\frac{\alpha}{\phi_f K}(d\bar{\sigma} - dp) \tag{5-9}$$

根据式(5-8)和式(5-9)可知,当吸附瓦斯以后,煤的基质吸附膨胀变形及其对煤的体积和裂隙体积变形的影响可以表示为:

$$\mathrm{d}\varepsilon_\mathrm{c}^\mathrm{a}-\mathrm{d}\varepsilon_\mathrm{f}^\mathrm{a}=-(1-f_\mathrm{m})(1-\phi_\mathrm{f})\mathrm{d}\varepsilon_\mathrm{m}^\mathrm{a}-\frac{f_\mathrm{m}(1-\phi_\mathrm{f})}{\phi_\mathrm{f}}\mathrm{d}\varepsilon_\mathrm{m}^\mathrm{a} \tag{5-10}$$

由于 $\phi_\mathrm{f}\ll1$,因此,煤的体积应变 $\mathrm{d}\varepsilon_\mathrm{c}^\mathrm{a}$ 和煤的裂隙体积应变 $\mathrm{d}\varepsilon_\mathrm{f}^\mathrm{a}$ 之间的关系可以简化为:

$$\mathrm{d}\varepsilon_\mathrm{c}^\mathrm{a}-\mathrm{d}\varepsilon_\mathrm{f}^\mathrm{a}=-\frac{f_\mathrm{m}}{\phi_\mathrm{f}}\mathrm{d}\varepsilon_\mathrm{m}^\mathrm{a} \tag{5-11}$$

根据裂隙率的定义可知:

$$\phi_\mathrm{f}=\frac{V_\mathrm{f}}{V_\mathrm{c}} \tag{5-12}$$

对上式两边求导可得:

$$\mathrm{d}\phi_\mathrm{f}=\mathrm{d}\left(\frac{V_\mathrm{f}}{V_\mathrm{c}}\right)=\frac{\mathrm{d}V_\mathrm{f}}{V_\mathrm{c}}-\frac{V_\mathrm{f}\mathrm{d}V_\mathrm{c}}{V_\mathrm{c}^2} \tag{5-13}$$

将式(5-12)代入式(5-13),整理可得:

$$\frac{\mathrm{d}\phi_\mathrm{f}}{\phi_\mathrm{f}}=\frac{\mathrm{d}V_\mathrm{f}}{V_\mathrm{f}}-\frac{\mathrm{d}V_\mathrm{c}}{V_\mathrm{c}}=\mathrm{d}\varepsilon_\mathrm{c}-\mathrm{d}\varepsilon_\mathrm{f} \tag{5-14}$$

式中　ε_c——煤的体积应变;

　　　ε_f——煤的裂隙体积应变。

煤的体积应变和裂隙体积应变均是由有效应力和基质吸附膨胀变形共同作用的结果,则可以进行如下表示:

$$\mathrm{d}\varepsilon_\mathrm{c}=\mathrm{d}\varepsilon_\mathrm{c}^\mathrm{e}+\mathrm{d}\varepsilon_\mathrm{c}^\mathrm{a} \tag{5-15}$$

$$\mathrm{d}\varepsilon_\mathrm{f}=\mathrm{d}\varepsilon_\mathrm{f}^\mathrm{e}+\mathrm{d}\varepsilon_\mathrm{f}^\mathrm{a} \tag{5-16}$$

由上述两式可得:

$$\mathrm{d}\varepsilon_\mathrm{c}-\mathrm{d}\varepsilon_\mathrm{f}=\mathrm{d}\varepsilon_\mathrm{c}^\mathrm{e}+\mathrm{d}\varepsilon_\mathrm{c}^\mathrm{a}-\mathrm{d}\varepsilon_\mathrm{f}^\mathrm{e}-\mathrm{d}\varepsilon_\mathrm{f}^\mathrm{a}=(\mathrm{d}\varepsilon_\mathrm{c}^\mathrm{e}-\mathrm{d}\varepsilon_\mathrm{f}^\mathrm{e})+(\mathrm{d}\varepsilon_\mathrm{c}^\mathrm{a}-\mathrm{d}\varepsilon_\mathrm{f}^\mathrm{a}) \tag{5-17}$$

将式(5-9)和式(5-11)代入式(5-17),整理可得:

$$\mathrm{d}\varepsilon_\mathrm{c}-\mathrm{d}\varepsilon_\mathrm{f}=-\frac{\alpha}{\phi_\mathrm{f}K}(\mathrm{d}\bar{\sigma}-\mathrm{d}p)-\frac{f_\mathrm{m}}{\phi_\mathrm{f}}\mathrm{d}\varepsilon_\mathrm{m}^\mathrm{a} \tag{5-18}$$

将式(5-18)代入式(5-14),整理可得:

$$\mathrm{d}\phi_\mathrm{f}=-\frac{\alpha}{K}(\mathrm{d}\bar{\sigma}-\mathrm{d}p)-f_\mathrm{m}\mathrm{d}\varepsilon_\mathrm{m}^\mathrm{a} \tag{5-19}$$

对上式进行积分整理可得:

$$\phi_\mathrm{f}=\phi_\mathrm{f0}-\frac{\alpha}{K}\left[(\bar{\sigma}-\bar{\sigma}_0)-(p-p_0)\right]-f_\mathrm{m}(\varepsilon_\mathrm{m}^\mathrm{a}-\varepsilon_\mathrm{m0}^\mathrm{a}) \tag{5-20}$$

根据第 4 章的结果可知,煤基质吸附膨胀变形引起的体积变形可表示为:

$$\varepsilon_\mathrm{m}^\mathrm{a}-\varepsilon_\mathrm{m0}^\mathrm{a}=\frac{\varepsilon_\mathrm{max}^\mathrm{a}p}{p+p_\varepsilon}-\frac{\varepsilon_\mathrm{max}^\mathrm{a}p_0}{p_0+p_\varepsilon}=\frac{\varepsilon_\mathrm{max}^\mathrm{a}p_\varepsilon(p-p_0)}{(p+p_\varepsilon)(p_0+p_\varepsilon)} \tag{5-21}$$

将式(5-21)代入式(5-20),整理得:

$$\phi_f = \phi_{f0} - \frac{\alpha}{K}\left[(\bar{\sigma}-\bar{\sigma}_0)-(p-p_0)\right] - f_m\left(\frac{\varepsilon_{max}^a p}{p+p_\varepsilon} - \frac{\varepsilon_{max}^a p_0}{p_0+p_\varepsilon}\right) \quad (5\text{-}22)$$

孔隙率和渗透率是煤岩体中常用的渗流模型表征参数,根据第 2 章对煤的渗透率和裂隙率模型的研究结论可知,煤的渗透率与其等效基质尺度和等效裂隙宽度以及裂隙率之间的定量关系式可以表示为:

$$k = \frac{a^2 \phi_f^3}{162} \quad \text{或} \quad k = \frac{b^2 \phi_f}{18} \quad (5\text{-}23)$$

将式(5-22)代入式(5-23)整理可得:

$$k = \frac{1}{162}a^2\left\{\phi_{f0} - \frac{\alpha}{K}\left[(\bar{\sigma}-\bar{\sigma}_0)-(p-p_0)\right] - f_m\left(\frac{\varepsilon_{max}^a p}{p+p_\varepsilon} - \frac{\varepsilon_{max}^a p_0}{p_0+p_\varepsilon}\right)\right\}^3$$

或

$$k = \frac{1}{18}b^2\left\{\phi_{f0} - \frac{\alpha}{K}\left[(\bar{\sigma}-\bar{\sigma}_0)-(p-p_0)\right] - f_m\left(\frac{\varepsilon_{max}^a p}{p+p_\varepsilon} - \frac{\varepsilon_{max}^a p_0}{p_0+p_\varepsilon}\right)\right\} \quad (5\text{-}24)$$

上述模型即为综合考虑煤所受有效应力和吸附膨胀变形影响并融合了煤的双重孔隙结构等效特征的渗透率演化模型。在该模型中,没有忽略有效应力Biot 系数的影响,同时还分别考虑了煤的基质吸附膨胀变形对煤的体积和裂隙体积的作用程度。另外,该模型还将煤的双重孔隙结构等效特征吸纳了进去,因此,对于将来进行煤的渗透率的现场测试分析有重要意义。由于煤的基质体积模量远远大于煤的体积模量和裂隙体积模量,因此,在弹性阶段,受到有效应力影响后,煤的基质尺度基本不会发生变化或者发生极微小的变化,而裂隙宽度却会发生很大的变化。

2. 线弹性阶段煤的渗透率模型验证

在过去,众多国内外学者[160,165]分别以煤这种多孔介质为依托进行了大量的渗透率实验,积累了庞大的渗透率实验数据,这为后来的学者进行煤的渗透率模型的构建和验证提供了坚实的基础。R. Pini 等[165]以意大利蒙特逊尼煤矿的煤样为基础,进行了非常全面的煤样的力学参数、吸附变形规律以及孔裂隙特性测试分析,同时对煤样的渗透率和裂隙率进行了实验室测定,获得了非常详实的有关蒙特逊尼煤矿煤样渗透率和裂隙率的基础实验数据。其在实验中所采用的气体为吸附性气体二氧化碳(CO_2)和氮气(N_2),相应的煤的渗透率和裂隙率实验数据是在 10 MPa 的围压下不断增加气体平衡压力测试获得的,根据其获得的渗透率和裂隙率数据,利用前面章节中建立的煤的双重孔隙结构等效特征模型解算出了相应煤的等效基质尺度和等效裂隙宽度,如表 5-3 所示。

表 5-3　R. Pini 等测试获得的煤的渗透率数据
及由此解算出的煤的双重孔隙结构等效特征数据

气体类型	围压 /MPa	气体平衡压力 /MPa	裂隙率	渗透率 /mD	等效基质尺度 /mm	等效裂隙宽度 /mm
二氧化碳	10	0.49	0.004 2	110	15.406 94	0.021 57
		0.93	0.003 9	90	15.574 65	0.020 25
		1.01	0.003 9	90	15.574 65	0.020 25
		1.76	0.003 8	80	15.267 35	0.019 34
		2.19	0.003 8	90	16.193 47	0.020 51
		2.20	0.003 8	90	16.193 47	0.020 51
		2.34	0.003 8	90	16.193 47	0.020 51
		3.56	0.004 2	110	15.406 94	0.021 57
		3.69	0.004 2	120	16.092 03	0.022 53
		3.92	0.004 3	130	16.168 25	0.023 17
		4.83	0.004 8	170	15.676 77	0.025 08
		5.03	0.004 9	190	16.068 55	0.026 25
		5.46	0.005 2	220	15.816 14	0.027 41
		6.00	0.005 6	280	15.965 81	0.029 80
		7.75	0.007 3	600	15.703 10	0.038 21
氮气	10	1.01	0.005 2	220	15.816 14	0.027 41
		2.44	0.006 1	360	15.923 94	0.032 38
		2.55	0.006 2	370	15.754 60	0.032 56
		3.90	0.007 3	610	15.833 42	0.038 53
		4.08	0.007 5	650	15.694 91	0.039 24
		5.38	0.008 8	1 070	15.843 90	0.046 48
		5.61	0.009 1	1 180	15.822 42	0.047 99

　　由表 5-3 可知,对于同样结构的煤来说,其双重孔隙结构会随着有效应力的改变而改变,但是煤的等效基质尺度改变量并不明显,而等效裂隙宽度却会发生很大的变化,尤其是当使用氮气进行渗透率测试时。目前,该数据已经被不同的学者[220,232-233]用来评估分析所建立的渗透率模型。煤样的弹性模量、泊松比、体积模量、裂隙压缩系数、基质最大吸附变形量、基质吸附变形压力等数据均来自相关文献,有关该煤样的相关基础参数如表 5-4 所示。

表 5-4　评估分析渗透率模型的相关基础参数

参数	数值
弹性模量 E/MPa	1 119
泊松比 ν	0.26
体积模量 K/MPa	777.08
基质最大吸附变形量(N_2)$\varepsilon_{\max}^a$	0.017
基质吸附变形压力(N_2)p_ε/MPa	14.42
基质最大吸附变形量(CO_2)$\varepsilon_{\max}^a$	0.051 87
基质吸附变形压力(CO_2)p_ε/MPa	2.913
裂隙压缩系数 C_f/MPa^{-1}	0.191 26

由于 R. Pini 等在使用二氧化碳和氮气进行煤的渗透率测试时,围压是恒定的,均为 10 MPa,因此,式(5-24)可化简为等围压条件下的渗透率模型,其数学表达式如下:

$$k = \frac{1}{162}a^2 \left[\phi_{f0} + \frac{\alpha}{K}(p - p_0) - f_m \left(\frac{\varepsilon_{\max}^a p}{p + p_\varepsilon} - \frac{\varepsilon_{\max}^a p_0}{p_0 + p_\varepsilon} \right) \right]^3 \tag{5-25}$$

结合表 5-4 和式(5-25),并利用 R. Pini 等的测试数据对新建立的渗透率模型进行了评估验证,结果如图 5-13 所示。在进行模型验证时,有效应力 Biot 系数和煤的基质对裂隙变形影响系数均为在 0～1 范围内可调整的数值,同时,为了更好地理解基质吸附变形对裂隙体积变形的影响规律,还对当 $f_m = 0$ 和 $f_m = 1$ 时的渗透率演化规律进行了预测,结果如图 5-13 所示。

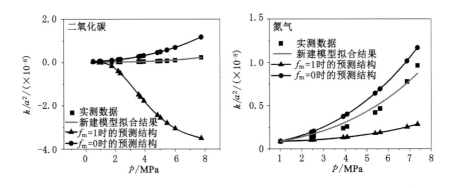

图 5-13　新建渗透率模型验证及预测实验结果

从图 5-13 中可以看出,使用本书新建立的模型可以很好地拟合由 R. Pini

等测试获得的渗透率数据,说明本书所建立的渗透率模型是合理的。通过模型验证结果可知,有效应力 Biot 系数等于 0.877 9,而并不是 1,说明煤的体积模量并不是远小于煤的基质的体积模量的,在此次验证分析中,可以计算得到 R. Pini 等所使用的意大利蒙特逊尼煤矿的煤样的体积模量为 777.08 MPa,而煤的基质的体积模量为 6 364.29 MPa。在利用新建模型进行渗透率数据拟合时,发现使用相同的煤样和相同类型的气体获得的煤的基质吸附变形对裂隙体积变形的影响系数 f_m 数值是相同的,但是不同类型的气体获得的 f_m 数值是不同的,比如对于意大利蒙特逊尼煤矿的煤样来说,当使用二氧化碳进行测试时,$f_m = 0.170\ 7$;当使用氮气进行测试时,$f_m = 0.25$,这说明 f_m 数值不仅受到煤的自身结构的影响,还受到吸附性气体类型的影响。这是因为一方面,虽然同为吸附性气体,但是煤的基质对不同气体的吸附能力是不同的,当气体分子被吸附在煤基质孔隙后,其对煤的自身结构的影响也是存在差异的;另一方面,二氧化碳和甲烷类似,也是一种被煤吸收后可以形成固溶态的气体,这同样会对煤的自身结构产生一定的影响。从图 5-13 中还可以发现,当 $f_m = 0$ 时,预测模型数据曲线均在实测数据曲线上部;当 $f_m = 1$ 时,预测模型数据曲线均位于实测数据曲线下部,说明定义的 f_m 及其取值范围是合理的。另外,图 5-13 显示,当使用二氧化碳作为测试气体时,预测数据在 $f_m = 1$ 时出现了负值,这和实际情况是完全不相符的,因此也从侧面反映出煤的基质吸附膨胀变形不可能完全作用于煤的裂隙体积的改变。

5.3.2　塑性变形阶段煤的渗透率演化模型

在煤层气开采和煤层回采过程中,煤所受的应力条件并不是固定不变的,而是要经历许多外部环境的扰动影响,比如煤层巷道的掘进作业、巷道中各种钻孔的施工以及邻近煤层的大面积开采等,这些均会导致煤发生不可恢复的塑性变形。外部环境的改变使得煤不断地承受着加卸载的作用,在这个过程中不仅煤中原生裂隙经历着张开或闭合的变化,而且还会伴随着新裂纹的生成、扩张、连通等,同时煤基质也会出现不同程度的损伤变形。煤基质和裂隙的改变会极大地改变煤的内部瓦斯气体的运移规律,同样地,亦会给煤的渗透性带来十分显著的影响。有学者[234]通过 CT 扫描等先进的现代实验测试手段发现,在塑性变形阶段煤中裂隙的发育十分明显,而在这一阶段煤的渗透率的增长也是非常显著的,其增幅甚至可达若干个数量级以上。根据众多学者[26,168,194,213]的实验研究发现,在煤的全应力应变过程中,其渗透率演化规律可以简化为如

图 5-14 所示。

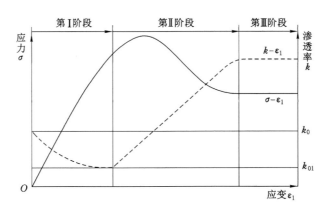

图 5-14　煤岩渗透率在全应力应变过程的演化规律

　　从图 5-14 中可以看出,在整个全应力应变过程中,煤岩体渗透率的变化规律大体上可以分为三个主要阶段。在第 I 阶段,煤岩体仍然处于弹性变形阶段,此时渗透率在有效应力作为主控因素的作用下随着有效应力的增大而减小;在第 II 阶段,作用在煤岩体上的应力状态已经达到了煤岩体损伤扩容屈服条件,此时煤岩体开始出现不可逆的塑性变形,随着外部荷载的增加,煤岩体内裂隙处于爆炸式的发育状态,导致渗透率呈现近似线性增长,有时候,一些学者在研究时会忽略峰值应力前渗透率缓慢增加的部分而以峰值应力作为第 I 阶段和第 II 阶段的分界点;在第 III 阶段,煤岩体处于残余强度状态(或塑性流动状态),在该阶段,煤可以承受力的作用,但是应力基本不再发生变化,煤岩体在轴向上不断被压缩,在径向上则在不断膨胀,二者相叠加的结果是使得煤岩体体积应变基本保持在某一固定值或恒定范围内,此时煤岩体的渗透率也基本处于稳定状态。

　　根据以上分析,在煤岩体全应力应变过程中,其渗透率演化模型亦可以分为三个阶段来表征。在第 I 阶段,煤岩体处于弹性变形阶段,其渗透率可以利用前文中的线弹性阶段建立的渗透率模型来描述,即:

$$k=\frac{1}{162}a^2\left\{\phi_{f0}-\frac{\alpha}{K}\left[(\bar{\sigma}-\bar{\sigma}_0)-(p-p_0)\right]-\frac{f_m\varepsilon_{\max}^a p_\varepsilon(p-p_0)}{(p+p_\varepsilon)(p_0+p_\varepsilon)}\right\}^3 \quad (5-26)$$

　　在第 II 阶段,煤岩体开始进入损伤扩容屈服阶段,当煤发生损伤变形之后,煤基质和裂隙的变化很大,尤其是达到残余流动阶段,煤中基质和裂隙的数量和等效尺度均会发生很大程度的变化并影响着煤的渗透性,如图 5-15 所示,而以目前的技术手段,很难对其进行科学的测试和定量表征。有学者[194]研究发现,此时弹塑性应变软化模型可以有效地描述该阶段煤的变形特性,此阶段因裂隙损伤引起的渗透率的增长和软化程度可以近似看作线性关系。为了对该阶段煤的渗透率演化规律进行有效地描述,引入渗透率骤增系数 ξ 和等效塑性剪切应变 γ^p,其中,等效塑性剪切应变指的是在全应力应变的任意一点进行卸载,当重新卸载到初始应力状态时的煤的变形,可以近似用下式表示[235]:

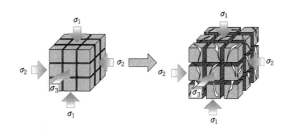

图 5-15　煤的损伤变形特征

$$\gamma^p = \sqrt{\frac{2}{3}(\varepsilon_1^p \cdot \varepsilon_1^p + \varepsilon_2^p \cdot \varepsilon_2^p + \varepsilon_3^p \cdot \varepsilon_3^p)} \tag{5-27}$$

式中　ε_1^p、ε_2^p、ε_3^p——煤岩体的塑性主应变。

则煤岩体渗透率演化规律可以表示为:

$$k = \left(1 + \frac{\gamma^p}{\gamma^{p*}}\xi\right)k_{01} \tag{5-28}$$

式中　γ^{p*}——煤岩体处于残余强度阶段时的初始等效塑性剪切应变,在第 Ⅱ
　　　　　阶段,等效塑性应变和残余强度阶段初始等效塑性剪切应变之
　　　　　间的关系为 $0 < \gamma^p < \gamma^{p*}$;

　　　　ξ——煤岩体渗透率骤增系数;

　　　　k_{01}——全应力应变过程中第 Ⅰ 阶段终点处煤岩体的渗透率,mD。

在第 Ⅲ 阶段,煤岩体的等效塑性应变已经等于甚至大于残余强度阶段初始等效塑性应变,即 $\gamma^p \geq \gamma^{p*}$,此时渗透率亦基本保持不变,则该阶段煤岩体渗透率演化规律可以使用下式进行表示:

$$k = (1 + \xi)k_{01} \tag{5-29}$$

由上述分析可知,煤岩体弹性阶段亦可看作是等效塑性应变为 0 的阶段,则将以上三个阶段渗透率演化方程综合起来就可以获得在整个全应力应变过程中煤岩体渗透率演化规律的控制方程,具体如下:

$$\begin{cases} k = \left(1 + \dfrac{\gamma^p}{\gamma^{p*}} \xi\right) \cdot \dfrac{1}{162} a^2 \left\{ \phi_{f0} - \dfrac{\alpha}{K} \left[(\bar{\sigma} - \bar{\sigma}_0) - (p - p_0) \right] - \right. \\ \qquad \left. \dfrac{f_m \varepsilon_{max}^a p_\varepsilon (p - p_0)}{(p + p_\varepsilon)(p_0 + p_\varepsilon)} \right\}^3, \ 0 \leqslant \gamma^p < \gamma^{p*} \\[3mm] k = (1 + \xi) \cdot \dfrac{1}{162} a^2 \left\{ \phi_{f0} - \dfrac{\alpha}{K} \left[(\bar{\sigma} - \bar{\sigma}_0) - (p - p_0) \right] - \right. \\ \qquad \left. \dfrac{f_m \varepsilon_{max}^a p_\varepsilon (p - p_0)}{(p + p_\varepsilon)(p_0 + p_\varepsilon)} \right\}^3, \ \gamma^p \geqslant \gamma^{p*} \end{cases} \tag{5-30}$$

为了研究煤的双重孔隙结构等效特性对煤的全应力应变阶段渗透性的影响,本书以三轴加载条件下的渗透率测试结果为基础,对上述模型进行了验证。根据式(5-30)可知,在进行塑性模型验证时需要获得不同双重孔隙结构等效特征煤处于残余强度阶段时的初始等效塑性剪切应变和煤岩体渗透率骤增系数,其中,初始等效塑性剪切应变可根据实验获得的煤的全应力应变曲线分析计算得到,而煤岩体渗透率骤增系数则可根据实验测得的煤的渗透率结果和式(5-29)计算得到,结果如表5-5所示。

表5-5　塑性损伤阶段煤的基础物性参数测试结果

煤体试样	粒径/mm	等效基质尺度/mm	初始等效塑性剪切应变 γ^{p*}			煤岩体渗透率骤增系数 ξ		
			围压2 MPa、瓦斯压力1 MPa	围压3 MPa、瓦斯压力1 MPa	围压3 MPa、瓦斯压力2 MPa	围压2 MPa、瓦斯压力1 MPa	围压3 MPa、瓦斯压力1 MPa	围压3 MPa、瓦斯压力2 MPa
型煤	0.01~0.041	0.003 5	0.052 3	0.048 4	0.053 5	76.968 1	43.821 9	126.281 9
	0.041~0.074	0.004 9	0.051 2	0.046 4	0.051 9	27.437 2	15.104 5	34.977 5
	0.074~0.125	0.008 9	0.048 1	0.043 4	0.049 5	11.507 4	4.691 6	12.783 0
	0.125~0.2	0.018 3	0.045 2	0.041 0	0.047 7	5.474 2	3.052 1	7.217 0
	0.2~0.25	0.041 9	0.043 5	0.037 8	0.045 6	3.166 6	1.753 3	4.933 3
	0.25~0.5	0.064 4	0.040 2	0.035 7	0.042 4	2.774 8	1.548 9	3.874 5
	0.5~1	0.076 9	0.038 2	0.032 2	0.039 3	1.979 8	1.023 3	2.562 2
原煤	—	0.269 6	0.020 2	0.019 7	0.022 3	1 947.58	1 918.46	2 570.46

结合前文中实验测试分析获得的不同双重孔隙结构等效特征煤的相关物性参数和理论分析结果,对基于双重孔隙结构等效特征下煤的全应力应变过程中的渗透性模型进行解算,以获得不同边界条件下模型的预测数据,并将其分别与围压2 MPa且瓦斯压力1 MPa、围压3 MPa且瓦斯压力1 MPa和围压3 MPa且瓦斯压力2 MPa时的渗透率测试结果做对比,结果如图5-16~图5-18所示。

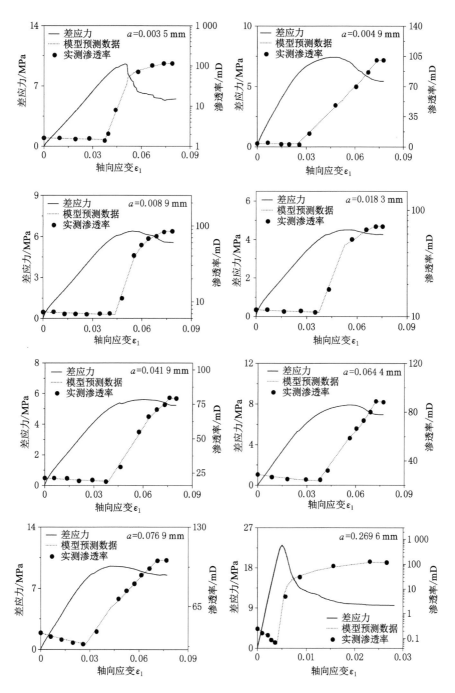

图 5-16　围压 2 MPa、瓦斯压力 1 MPa 时模型分析验证结果

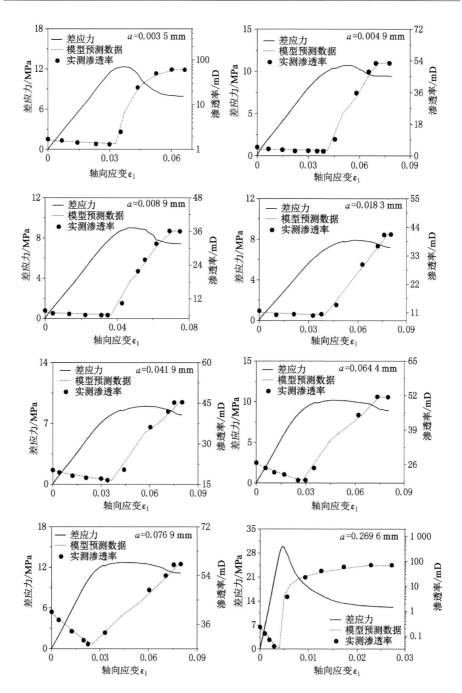

图 5-17 围压 3 MPa、瓦斯压力 1 MPa 时模型分析验证结果

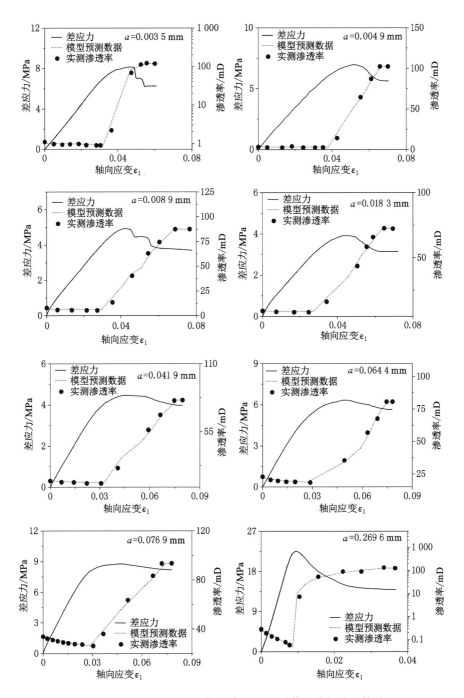

图 5-18 围压 3 MPa、瓦斯压力 2 MPa 时模型分析验证结果

从图 5-16～图 5-18 模型预测数据和实验测试获得的结果对比中可以发现,在误差允许的范围内,不同双重孔隙结构等效特征煤的实验室测试的渗透率结果和模型预测结果具有高度的一致性,这说明通过对复杂的塑性变形阶段的煤进行简化所做出的假设是合理的,以此构建的渗透率模型能够满足工程精度的要求。

第6章　基于双重孔隙结构等效特征
煤的渗透率模型分析与工程应用

在煤矿开采过程中,为了消除煤层的煤与瓦斯突出危险性,采用钻孔抽采煤层瓦斯是最常用的手段,而对于低渗透性煤层来说,如何增加煤层透气性成为影响瓦斯抽采效果的重要因素,目前,保护层开采是提高煤层渗透性行之有效的方法。一方面,钻孔瓦斯抽采后,煤层瓦斯压力降低,导致煤所受有效应力增大,使得煤的裂隙空间被压缩,引起煤的渗透性下降;而另一方面,经过抽采之后,煤基质孔隙中的吸附瓦斯发生解吸,吸附瓦斯量减少,使得煤基质收缩,导致煤基质间裂隙空间增大,引起煤的渗透性增大,在实际情况下,煤的渗透性是上述两种因素竞争作用的结果。在保护层开采过程中,由于受到煤层采动的影响,被保护层煤体发生膨胀变形,导致煤储层裂隙发育,裂隙空间扩张,同样可以引起煤层渗透性增加。

煤层中瓦斯的流动是一个十分复杂的过程,在实际研究中,通常将煤简化成具有双重孔隙结构的几何模型,同时,将煤中瓦斯的行为分为解吸、扩散、渗流三个重要阶段。一般认为煤中瓦斯的解吸是瞬间完成的[25],因此瓦斯在煤中的运移主要包括基质孔隙中的扩散和裂隙中的渗流。煤的渗透率作为评价煤层瓦斯渗流的主要指标,是影响煤层气产出和矿井瓦斯抽采的重要因素,深刻认识煤层的渗透特性及其演化规律有着重要的现实意义。

6.1　双重孔隙结构对煤的渗透率演化规律的影响

6.1.1　基于双重孔隙结构特征煤的渗透率模型概述

渗透率模型是进行煤中瓦斯气体运移分析和解算的基础数学模型。众所周知,煤是一种复杂的双重孔隙结构多孔介质体,正是由于其结构上的差异,很难找到统一的渗透率演化模型来描述其内部瓦斯的渗流规律。为了寻找合适的方法研究煤中瓦斯气体的运移规律,国内外众多学者做了大量的工作,提出了许多不同的方法和假设条件。在构建煤的渗透率模型时通常是先建立主控因素和煤的变形之间的关系,然后根据煤的变形与其孔隙率之间的数学关系模型,并结合煤的渗透率和孔隙率之间的定量表征模型,综合构建煤的渗透率与各个主控因素之间的关系模型。目前比较典型的渗透率模型主要如下所述:

(1) Palmer-Mansoori(PM)模型

PM 模型[236]以岩石力学理论为基础,是在单应变且等垂直应力的假设条件下,考虑了有效应力和吸附变形两种因素,并结合孔隙率与渗透率之间的立方定律而构建的应变形式的渗透率模型。随着瓦斯压力的改变,渗透率演化的模型表达式如下:

$$\frac{k}{k_0} = \left[1 + \frac{C_m}{M\phi_0}(p - p_0) + \frac{\varepsilon_{smax}}{\phi_0}\left(\frac{K}{M} - 1\right)\left(\frac{p}{p_L + p} - \frac{p_0}{p_L + p_0}\right)\right]^3 \quad (6\text{-}1)$$

式中　$C_m = \frac{1}{M} - \left(\frac{K}{M} + f - 1\right)\gamma$;

K——煤的体积模量,MPa;

M——煤的约束弹性模量,MPa;

C_m——煤基质的压缩系数,MPa^{-1}。

在实际应用中发现,PM 模型对煤层气开采后期的渗透率预测结果不够完善,因此,I. Palmer[237]于 2009 年在模型中加入了表征煤层倾角因素的 g 值,g 的取值先后为 0.2 和 0.5,修改后的模型构建的假设条件和各变量的物理意义更加明确。

(2) Shi-Durucan(SD)模型

SD 模型[134]是在单应变且等垂直应力的假设条件下,将吸附变形类比于热膨胀构建煤的变形与有效应力的关系,以水平有效应力为切入点,建立了应力形式的渗透率模型,随着瓦斯压力的改变,渗透率变化的模型表达式如下:

$$\frac{k}{k_0} = \exp\left\{3C_f\left[\frac{\nu}{1-\nu}(p - p_0) + \frac{\varepsilon_{smax}}{3}\left(\frac{E}{1-\nu}\right)\left(\frac{p_0}{p_L + p_0} - \frac{p}{p_L + p}\right)\right]\right\} \quad (6\text{-}2)$$

SD 模型与 PM 模型的不同之处在于 PM 模型是应变驱动的,而 SD 模型是应力驱动的。在 2005 年,J. Shi 和 S. Durucan 在建立了煤的解吸变形与气体解吸量之间的关系后,对方程做了一定的修正。

(3) Cui-Bustin(CB)模型

X. Cui 和 R. M. Bustin[238]基于完全孔弹性理论,从平均有效主应力出发,分析煤的体积响应与孔隙率的关系,在考虑单应变且等垂直应力的假设条件

下,构建了应力形式的渗透率模型,推导出了渗透率随应力及瓦斯压力的变化关系式,即:

$$\frac{k}{k_0} = \exp\left\{-\frac{3}{K_p}\left[(\sigma-\sigma_0)-(p-p_0)\right]\right\} \tag{6-3}$$

此时假设煤处于单轴应变状态,则其渗透率随瓦斯压力的变化可进一步演化为[238]:

$$\frac{k}{k_0} = \exp\left\{-\frac{3}{K_p}\left[\frac{(1+\nu)}{3(1-\nu)}(p-p_0)-\frac{2E}{9(1-\nu)}(\varepsilon_{smax}-\varepsilon_{smax0})\right]\right\} \tag{6-4}$$

(4) Robertson-Christiansen(RC)模型

RC 模型[239]不同于上述三种基于单轴应变假设的渗透率模型,该模型是可用于模拟断裂的、吸附弹性介质的渗透率模型,其原理是以三向等压条件为假设,在立方体模型的基础上推导出渗透率随瓦斯压力变化关系式,即:

$$\frac{k}{k_0} = \exp\left\{\frac{3c_0\left[1-e^{a(p-p_0)}\right]}{-\alpha}+\frac{9}{\phi_0}\left[\frac{1-2\nu}{E}(p-p_0)-\frac{\varepsilon_L p_L}{p_L+p_0}\ln\left(\frac{p_L+p}{p_L+p_0}\right)\right]\right\} \tag{6-5}$$

(5) H. B. Zhang 模型

在前面的模型构建中,其边界条件一般为单轴应变假设或者三相等压假设,而这些假设并不完全符合现场实际中的边界条件。在此方面,有些学者做了大量工作,H. B. Zhang 等构建了适用于任何应力条件下煤的渗透率模型[240]:

$$\frac{k}{k_0} = \left\{\frac{1}{1+S}\left[(1+S_0)\phi_0+\alpha(S-S_0)\right]\right\}^3 \tag{6-6}$$

式中,$S = \varepsilon_v + \dfrac{p}{K_s} - \varepsilon_s$,$\varepsilon_v = -\dfrac{1}{K}(\bar{\sigma}-\alpha p)+\varepsilon_s$,$S_0 = \dfrac{p}{K_0}-\dfrac{\varepsilon_{max}^a p_0}{p+p_\varepsilon}$。

上述各个渗透率模型分别根据不同的假设条件对煤的渗透性演化规律进行了研究,但是,其均为相对渗透率模型,虽然能够反映煤的渗透性的整体分布情况,却无法有效地赋予单个渗透率绝对的意义,而且其在构建过程中均不考虑煤的双重孔隙结构对其渗透性演化规律的影响。另外,通过对煤矿卸压开采的工程实践发现,卸压开采过程中,煤的应力大量释放,基质发生损伤破坏形成大量新的裂隙以促进瓦斯的抽采,因而卸压后煤发生了大幅度的变形且均为不可逆的损伤变形,这些新增裂隙网络成为瓦斯流动的主要通道,亦是渗透率增加的主要贡献者。所以,研究塑性变形阶段煤的渗透率的演化特征具有重要的现实意义。基于此,本书第 5.3 小节在立方体模型假设的基础上,构建了考虑有效应力和煤基质吸附膨胀变形,同时又能够反映煤的双重孔隙结构特征影响的渗透率模型（ECDP 模型），如下所示：

$$
\begin{cases}
k = \dfrac{1}{162}a^2 \left\{ \phi_{f0} - \dfrac{\alpha}{K}\left[(\bar{\sigma}-\bar{\sigma}_0) - (p-p_0) \right] - \dfrac{f_m\varepsilon_{max}^a p_\varepsilon (p-p_0)}{(p+p_\varepsilon)(p_0+p_\varepsilon)} \right\}^3, & \text{弹性阶段} \\[4mm]
k = \left(1+\dfrac{\gamma^p}{\gamma^{p*}}\xi\right)\cdot\dfrac{1}{162}a^2\left\{ \phi_{f0} - \dfrac{\alpha}{K}\left[(\bar{\sigma}-\bar{\sigma}_0) - (p-p_0) \right] - \dfrac{f_m\varepsilon_{max}^a p_\varepsilon (p-p_0)}{(p+p_\varepsilon)(p_0+p_\varepsilon)} \right\}^3, & \text{非弹性阶段}
\end{cases}
$$

$$(6\text{-}7)$$

从式(6-7)中可以发现，ECDP 模型不仅包含了传统模式下瓦斯运移过程中有效应力和基质吸附膨胀变形对煤的渗透性演化规律的影响，而且又新引入了煤的双重孔隙结构特征，同时该模型还是一绝对渗透率模型，利用此模型，通过对现场物性参数的收集整理并结合实验室实验以及其他相关理论方法，可以很方便地进行煤层渗透率的准确预测。

6.1.2 煤的双重孔隙结构等效特征对其渗透率演化规律的影响

煤是具有双重孔隙结构特征的多孔介质，前文中在一定的几何模型假设基础上，构建了基于双重孔隙结构等效特征煤的渗透率演化模型，并对其合理性进行了分析讨论。本小节将基于上述渗透率演化模型分别探讨等效基质尺度和等效裂隙宽度对煤的渗透率演化规律的影响。在此处，假设煤处于恒定的静水压条件下，通过改变煤的内部瓦斯气体平衡压力来预测煤的渗透率演化规律。在进行分析时所需的煤的基本参数如表 6-1 所示。

表 6-1 煤的基本物性参数表

煤的基本参数	数值
煤的等效基质尺度 a/mm	0.269 6
煤的等效裂隙宽度 b/μm	0.727 9
煤的初始裂隙率 ϕ_{f0}/%	0.81
有效应力 Biot 系数 α	0.976 1
煤的体积模量 K/MPa	2 155
煤的基质变形对裂隙的影响系数 f_m	0.119 8
煤的最大吸附体积应变 ε_{cmax}^a/%	0.28
煤的基质吸附变形朗缪尔压力 p_ε/MPa	2.122 1

（1）等效基质尺度对煤的渗透率的影响

煤的基质是双重孔隙理论模型中一个十分重要的结构，基质的尺度和数量直接影响着煤中气体的流动路径和畅通程度,进而影响煤的渗透性。从本书所建立的基于双重孔隙结构等效特征煤的渗透率模型的数学表达式可以看出,其余条件均相同的情况下,等效基质尺度越大,则煤的渗透率就越大,煤的渗透率随等效基质尺度的定量演化关系如图 6-1 所示。

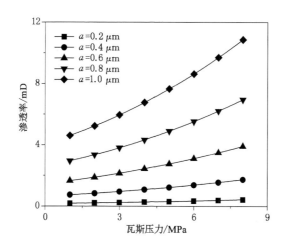

图 6-1　等效基质尺度对煤的渗透率演化规律的影响

从式(2-13)可知,在初始裂隙率不变的情况下,煤的等效基质尺度增大时,其等效裂隙宽度也增大,而在煤的体积一定的情况下,煤的基质的数量会相应降低。煤的等效基质尺度增大时,其吸附量降低,吸附变形作用随之降低,对煤的裂隙的压缩作用减少。另外,基质吸附变形在其内部的消耗增大亦会使得该变形作用于煤的裂隙的部分降低,最终导致煤的渗透率随瓦斯压力的增加而增加的趋势增大。

(2)等效裂隙宽度对煤的渗透率的影响

在将煤简化为双重孔隙结构模型时,学者们通常将煤看作双孔-单渗透系统,即在进行煤的渗透性研究时仅考虑其裂隙率而认为煤的基质孔隙中不发生渗流,此时煤的内部瓦斯的运移可以看成两步相互串联的过程,即煤的基质孔隙内表面的瓦斯气体发生解吸后,在孔隙中扩散进入裂隙,然后在裂隙中以渗流的方式运移进入钻孔或巷道中。瓦斯在裂隙中流动时,如果假设外部环境保持不变,则等效裂隙宽度对煤的渗透性将产生非常大的影响。将各参数代入式(5-24)的同时对等效裂隙宽度取不同的数值即可定量地反映等效裂隙宽度对煤的渗透率的影响,如图 6-2 所示。

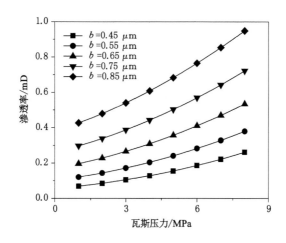

图 6-2　等效裂隙宽度对煤的渗透率演化规律的影响

在煤的等效基质尺度相同的情况下,如果等效裂隙宽度减小,在煤的体积不变的情况下,煤中基质数目相应增加,煤吸附瓦斯后基质吸附变形的累积影响作用就增大,虽然此时有效应力对渗透率的影响作用仍然处于优势地位,但是由于煤基质吸附变形的作用量大,导致煤的渗透率随着瓦斯压力的增加而增加的趋势减小。

6.2　基于双重孔隙结构等效特征煤的渗透率模型应用与验证

如前所述,基于双重孔隙结构等效特征煤的渗透率演化模型(ECDP 模型)以其独特的形式使其在预测煤层渗透性演化方面具有明显的优势,本小节将通过具体的工程案例对利用 ECDP 模型进行煤层渗透率预测的方法进行阐述,同时通过和现场实际煤层透气性系数的测试结果进行对比以验证该方法的合理性。

6.2.1　矿井地质概况

本案例以某矿井开采 12 煤层作为保护层,用于保护下伏 13 煤层、14 煤层、15-1 煤层和 16-1 煤层为地质背景。根据该矿井的地质赋存情况可知,煤田生成于中生代早白垩世,为陆相沉积,隐蔽式煤田。煤田基底为前震旦纪变质岩系,其上沉积了白垩纪及第四纪地层。整个煤田除在西部边缘有局部露出外,几乎全被第四系所覆盖。煤田南北长 29.5 km,东西宽 17.4 km,总面积为 513.3 km²。矿井为煤与瓦斯突出矿井,矿井绝对瓦斯涌出量为 63.64 m³/min,相对瓦斯涌出量为 15.44 m³/t。矿井瓦斯涌出量随着产量的递增以及采掘部署向深部发展逐年增大,同时矿井瓦斯受断层、褶曲和岩浆岩等地质变化因素的影响,分布规律呈区域性变化。

　　模拟区域共赋存 12、13、14、15-1、15-2、16-1、16-2、17 煤层,其中有可采价值并参与储量计算的煤层有 12、13、14、15-1、16-1 煤层,其余各层均无可采价值。这 5 个可采煤层中,12、13、14 煤层大部分可采,15-1、16-1 煤层全区可采。各煤层厚度及层间距简化图如图 6-3 所示,煤层瓦斯基本参数如表 6-2 所示。

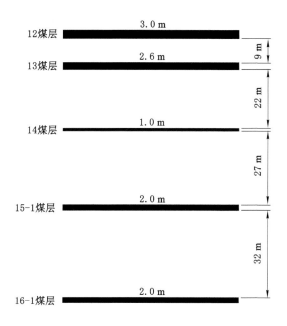

图 6-3　煤层厚度及层间距剖面示意图

表 6-2　煤层瓦斯基本参数

煤层	镜质组反射率 /%	瓦斯压力 /MPa	瓦斯含量 /(m³/t)	吸附常数	
				V_L/(m³/t)	p_L/MPa
12 煤层	0.571 4	0.57	2.76	30.28	1.35
13 煤层	0.603 4	3.75	4.37	32.59	1.38

表 6-2(续)

煤层	镜质组反射率/%	瓦斯压力/MPa	瓦斯含量/(m³/t)	吸附常数	
				V_L/(m³/t)	p_L/MPa
14 煤层	0.603 8	3.30	6.19	31.46	1.16
15-1 煤层	0.622 1	2.37	7.38	36.52	1.27
16-1 煤层	0.615 6	2.61	6.51	29.88	1.55

通过对该矿井模拟区域内主采 12、13、14、15-1、16-1 煤层的赋存情况分析和突出危险性评价,认为适合矿井模拟区域内的瓦斯治理模式为保护层开采及卸压瓦斯抽采的区域瓦斯治理模式,并优先选择煤与瓦斯突出危险性相对较小的 12 煤层作为保护层。

6.2.2 模型预测所需基础参数

1. 保护层开采过程中被保护层应力应变分析

在保护层开采过程中被保护层应力演化规律及煤的变形情况使用数值模拟软件 FLAC³ᴰ来进行模拟分析,目前,该软件被广泛应用于模拟工程开掘过程中煤岩层所受应力及发生的位移等的变化规律[5,142,168,225]。FLAC³ᴰ数值模拟软件能够进行土质、岩石和其他材料的三维结构受力特性模拟和塑性流动分析,调整三维网格中的多面体单元来拟合实际的结构。单元材料可采用线性或非线性本构模型,在外力作用下,当材料发生屈服流动后,网格能够相应发生变形和移动(大变形模式)。该软件采用的显式拉格朗日算法和混合-离散分区技术能够非常准确地模拟材料的塑性破坏和流动,由于无需形成刚度矩阵,因此,基于较小内存空间就能够求解大范围的工程问题。FLAC³ᴰ中包括 11 种材料模型,其中在模拟地下工程开掘和边坡稳定时通常采用莫尔-库仑模型。

本书以某矿井开采 12 煤层保护下被保护层 13 煤层、14 煤层、15-1 煤层和16-1 煤层为工程背景。12 煤层工作面宽度为 220 m,以此构建的用于数值模拟的几何模型示意图如图 6-4 所示。根据模拟区域的地质赋存状况,在几何模型下部采用固定边界条件,在几何模型的四周采用滚动边界条件,在几何模型的上部采用的是应力边界条件,施加的垂直应力 p 为 13.25 MPa。

根据模拟区域地质情况和几何边界条件的确立,利用 FLAC³ᴰ建立的数值计算模型示意图如图 6-5 所示。模型长 800 m、宽 450 m、高 183 m。在 X 轴方向上,模型的网格划分间隔为 10 m,在 Y 轴方向上,模型的网格划分间隔为

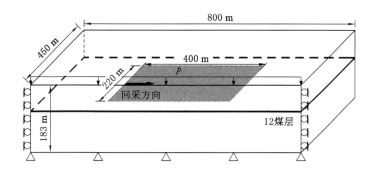

图 6-4　几何模型边界条件及开挖位置示意图

5 m,而在 Z 轴方向上,网格的划分需要根据地层的岩性差别进行,为了保证模型关键数据的完整性,距离保护层和被保护层较近的层位设置较密的网格,其间距为 1～2 m,距离保护层和被保护层较远且岩性较硬的岩层设置网格间距为 4～5 m。该模型共划分计算单元 352 800 个,网格节点 368 550 个。通过简化地层结构特征对模型材料进行赋值,所需的各种岩层的力学参数如表 6-3 所示。模拟开挖 12 煤层某工作面宽度为 220 m、长度为 400 m。在模型分析时,开挖是通过将开挖范围内的煤层材料定义为 NULL 来实现的。由于定义的开挖边界与设计的模型边界相距较远,因此在模拟时能够很好地避免设定的边界条件对计算结果造成不必要的影响。

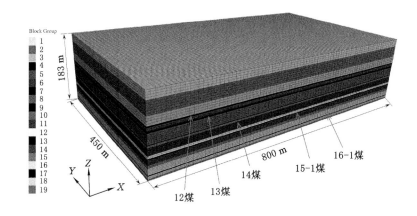

图 6-5　FLAC³ᴰ数值计算模型示意图

表 6-3　模拟区域内不同岩性的力学参数

岩性	密度/(kg/m³)	体积模量/GPa	剪切模量/GPa	黏聚力/MPa	内摩擦角/(°)	抗压强度/MPa	抗拉强度/MPa
粗砂岩	2 800	3.90	3.80	2.90	34.0	64.69	3.60
中砂岩	2 750	3.80	3.50	2.50	32.0	100.20	3.20
细砂岩	2 600	2.80	2.50	2.20	31.0	98.61	2.67
粉砂岩	2 050	2.40	2.10	1.50	28.0	60.77	2.20
泥岩	2 655	2.10	1.60	1.10	22.0	47.55	1.80
砂质泥岩	2 300	2.03	1.40	1.20	29.0	30.67	2.80
煤	1 450	2.15	10.27	3.42	49.3	15.83	1.28

　　利用 FLAC³ᴰ数值模拟软件获得的开采保护层(12 煤层)时被保护层的应力、位移变化情况如图 6-6 所示。在本书模型所设定的工程背景条件下,下伏 13 煤层、14 煤层、15-1 煤层和 16-1 煤层的原始应力分别为 15.45 MPa、16.04 MPa、16.75 MPa 和17.60 MPa。通过数值分析可知,开采 12 煤层之后,13 煤层和 14 煤层的应力变化幅度比较大,下伏 13 煤层、14 煤层、15-1 煤层和 16-1 煤层最小垂向应力分别为 2.78 MPa、6.07 MPa、11.59 MPa 和 13.35 MPa,卸压程度分别为82.01%、62.16%、30.81%和24.15%。从图 6-6 中可以发现,卸压圈外围附近有一个应力集中区,集中应力最大分别为 21.93 MPa、19.70 MPa、18.91 MPa 和18.29 MPa,应力集中系数分别为1.42、1.23、1.13 和 1.04。从图中还可以看出,保护层开采结束后,13 煤层、14 煤层、15-1 煤层和 16-1 煤层的膨胀变形量最大可分别达到 9.16‰、6.37‰、3.52‰和2.13‰。由于 12 煤层与 15-1 煤层和 16-1 煤

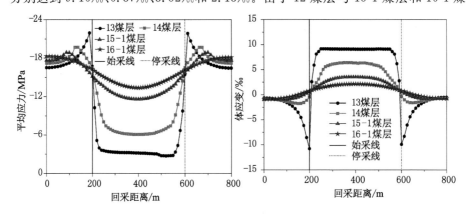

图 6-6　12 煤层回采后被保护层平均应力与体应变分布曲线

层的层间距分别为 61.6 m 和 95.6 m,大于《防治煤与瓦斯突出细则》中要求的上保护层的最大层间距 50～60 m[241],因此,开采 12 煤层对下伏 15-1 煤层和 16-1 煤层的卸压效果并不明显。

2. 被保护层煤的基础参数测试

为了对保护层开采前后被保护层煤的渗透率进行预测,从现场选取各被保护层煤样,在实验室加工成所需的标准煤样,按照前面章节中所描述的实验理论和方法分别测试各被保护层煤的基本物性参数及其强度特性参数和变形特性参数。通过实验获得的模拟区域 13 煤层、14 煤层、15-1 煤层和 16-1 煤层的基础参数如表 6-4 所示。

表 6-4　煤的基础参数测试结果

参数	数值			
	13 煤层	14 煤层	15-1 煤层	16-1 煤层
初始裂隙率 ϕ_{f0} / %	0.823 5	0.844 8	0.834 1	0.851 9
等效基质尺度 a /mm	0.263 5	0.251 8	0.278 1	0.268 6
等效裂隙宽度 b /μm	0.723 3	0.709 1	0.773 2	0.762 7
渗透率骤增系数 ξ	2 043.26	2 182.34	1 891.71	1 915.77
初始等效塑性剪切应变 γ^{p*}	0.018 35	0.016 88	0.019 42	0.020 37
有效应力 Biot 系数 α	0.957 1	0.973 4	0.988 7	0.969 1
煤的体积模量 K /MPa	2 570.13	2 722.09	2 804.73	2 737.29
煤的基质变形对裂隙的影响系数 f_m	0.168 1	0.218 1	0.192 6	0.208 5
煤的最大吸附体应变 ε_{cmax}^a / %	0.37	0.34	0.41	0.39
煤的基质吸附变形朗缪尔压力 p_ε /MPa	3.104 3	4.341 9	3.897 5	3.271 6

6.2.3　保护层开采前后被保护层渗透率演化分析

保护层开采之前,在当前状态下被保护层煤体几乎不受外部环境影响,此时可以利用弹性阶段的渗透率演化模型来表征其渗透率变化规律;而保护层开采之后,被保护层煤体受到保护层采动卸压的影响,其三向应力均发生了一定的改变,此时被保护层绝大部分煤均产生了不同程度的塑性变化,可以用塑性变形阶段的渗透率演化模型来表征其渗透率变化规律。

在保护层开采之前,根据被保护层煤体的三向应力和瓦斯压力等测试结果,通过本书构建的弹性阶段基于双重孔隙结构等效特征煤的渗透率演化模型,预测保护层开采前被保护层煤的渗透率;保护层开采后,根据其所受的三向应力并结合全应力应变曲线,确定煤在塑性阶段的相关参数,然后根据塑性阶段基于双重孔隙结构等效特征煤的渗透率演化模型,预测保护层开采后被保护层煤的渗透率。然后,将现场实际测试的保护层开采前后被保护层煤的透气性系数按式(6-8)转化成煤层渗透率[48],同时和上述通过本书构建的渗透率演化模型预测的渗透率结果进行对比分析,探讨本书所建立的基于双重孔隙结构等效特征煤的渗透率演化模型在指导现场实践时的工程精度。

$$\lambda = \frac{B_\lambda k}{2\mu p_s} \tag{6-8}$$

式中　λ——煤层透气性系数,$m^2/(MPa^2 \cdot d)$;

　　　k——煤的渗透率,mD;

　　　B_λ——单位换算系数;

　　　p_s——大气压力,MPa;

　　　μ——气体的动力黏度,Pa·s。

以前文中模拟结果和表 6-4 中的测试结果为基础,分别利用式(6-7)中的渗透率模型对 12 煤层开采前后 13 煤层、14 煤层、15-1 煤层和 16-1 煤层的渗透率进行了计算,同时,利用式(6-8)将现场所测煤层透气性系数转化成渗透率以方便与预测结果进行对比,结果如表 6-5 所示。

表 6-5　模型预测渗透率和实测渗透率结果对比

煤层	ECDP 模型预测渗透率/mD		增大倍数	实测煤层透气性转化而来的渗透率/mD	
	12 煤层回采前	12 煤层回采后		12 煤层回采前	12 煤层回采后
13 煤层	0.021 9	22.383 0	1 022.05	0.023 7	25.317 2
				0.020 0	25.613 7
				0.021 7	24.798 1
				0.022 4	24.001 6
14 煤层	0.020 3	16.761 7	825.70	0.021 6	18.559 7
				0.022 0	18.379 4
				0.020 7	19.007 1
				0.021 9	18.335 2

表 6-5(续)

煤层	ECDP 模型预测渗透率/mD		增大倍数	实测煤层透气性转化而来的渗透率/mD	
	12 煤层回采前	12 煤层回采后		12 煤层回采前	12 煤层回采后
15-1 煤层	0.014 0	4.823 5	344.54	0.015 5	5.013 7
				0.015 7	5.452 2
				0.015 9	5.246 3
16-1 煤层	0.011 8	2.383 7	202.01	0.012 6	2.449 7
				0.013 1	2.654 4

由表 6-5 可知,保护层开采之后,下伏 13 煤层和 14 煤层渗透率可增大 800~1 020 倍,达到了煤层卸压增透的目的,而 15-1 煤层和 16-1 煤层的渗透率仅增大200~350 倍。通过 ECDP 模型预测数据与表 6-5 中现场实测煤的透气性系数转化而来的渗透率演化情况进行对比发现,二者具有相同的数量级且有很高的吻合度,说明本书构建的渗透率模型在指导现场工程实践方面是合理的。

6.3　基于双重孔隙结构等效特征煤的渗透率演化模型应用前景分析

如前所述,基于双重孔隙结构等效特征煤的渗透率演化模型(ECDP 模型)不仅融合了煤中瓦斯流动过程中有效应力和煤基质吸附膨胀变形的影响因素,而且还加入了煤的双重孔隙结构等效特征的因素,同时,作为对前人的相对渗透率演化模型的最大改进,该绝对渗透率演化模型在煤层,尤其是受到采动或钻孔施工扰动的煤层渗透性预测方面表现出了巨大的优势。就其应用前景而言,以上还远不是 ECDP 模型的所有优越性。正如式(6-7)所示的那样,ECDP模型将煤的双重孔隙结构等效特征对煤的渗透率演化的影响考虑了进去,这一特点使其在煤的塑性变形阶段的渗透性演化规律的描述方面亦表现出了显著的应用价值。包括本书在内,目前针对煤的塑性变形阶段的渗透性演化规律的表征均是通过引入煤的等效塑性剪切应变和煤的渗透率骤增系数两个参数来实现的,这种方法虽然在一定程度上能够实现对煤的塑性变形阶段渗透性演化规律的描述,但其却不能很好地反映出煤在塑性变形阶段渗透性突变的本质。

众所周知,在煤的塑性变形阶段,原始煤体发生了不可逆的损伤,而这从本质上来说,恰恰是煤的基质和裂隙发生了不可逆的损伤变形,而发生该损伤变形后,煤的等效基质尺度降低,基质数目增大,等效裂隙宽度亦大幅度增加(甚至产生大量新的可见裂纹),其示意图如图 6-7 所示,煤的渗透性在此两种因素的综合影响下亦会大幅度增加,增大倍数甚至可达上千倍。因此,如果能够通过科学的手段将发生不可逆的损伤变形后煤的双重孔隙结构特征定量化表征出来,并将其引入到本书所构建的基于双重孔隙结构等效特征煤的渗透率演化模型中去,那么,对于煤在塑性变形阶段的渗透率演化规律的本质描述将具有深远的现实意义。根据目前的技术手段,该理论在实践操作上存在以下两方面难题:一是煤发生损伤变形后已经处于失稳状态,尤其是对原煤试样来说,如果通过本书中等效反演的方法获取其初始结构渗透率将会产生很大的误差,而目前尚没有更好的方法来获取;二是煤发生不可逆破坏之后,其基质和裂隙的变化是极其不均匀的,尤其是存在可见裂纹和断裂面的损伤煤体,很难通过常规的方法描述其孔裂隙尺度以及有效裂隙率。因此,本书在进行煤的塑性变形阶段的渗透率演化规律的表征时仍然采用了引用等效塑性剪切应变和渗透率骤增系数的方法,而对于依据煤基质和裂隙损伤变形来反映渗透率变化的方法仍需要今后进一步探讨。

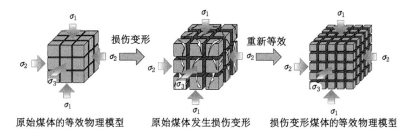

图 6-7 损伤变形煤的等效物理模型

参 考 文 献

[1] CATTANEO C, MANERA M, SCARPA E. Industrial coal demand in China: a provincial analysis[J]. Resource and energy economics, 2011, 33 (1):12-35.

[2] WANG K, WEI Y M, ZHANG X. Energy and emissions efficiency patterns of Chinese regions: a multi-directional efficiency analysis[J]. Applied energy, 2013, 104:105-116.

[3] 杨泽伟. 中国能源安全问题:挑战与应对[J]. 世界经济与政治, 2008(8):52-60.

[4] 李建铭. 煤与瓦斯突出防治技术手册[M]. 徐州:中国矿业大学出版社, 2006.

[5] KONG S L, CHENG Y P, REN T, et al. A sequential approach to control gas for the extraction of multi-gassy coal seams from traditional gas well drainage to mining-induced stress relief[J]. Applied energy, 2014, 131:67-78.

[6] 谢和平, 周宏伟, 薛东杰, 等. 煤炭深部开采与极限开采深度的研究与思考[J]. 煤炭学报, 2012, 37(4):535-542.

[7] 徐超. 岩浆岩床下伏含瓦斯煤体损伤渗透演化特性及致灾机制研究[D]. 徐州:中国矿业大学, 2015.

[8] 程远平, 王海锋, 王亮. 煤矿瓦斯防治理论与工程应用[M]. 徐州:中国矿业大学出版社, 2011.

[9] 俞启香. 矿井瓦斯防治[M]. 徐州:中国矿业大学出版社, 1992.

[10] 俞启香, 程远平. 矿井瓦斯防治[M]. 徐州:中国矿业大学出版社, 2012.

[11] 程远平, 付建华, 俞启香. 中国煤矿瓦斯抽采技术的发展[J]. 采矿与安全工程学报, 2009, 26(2):127-139.

[12] 程远平, 俞启香. 煤层群煤与瓦斯安全高效共采体系及应用[J]. 中国矿业

大学学报,2003,32(5):471-475.

[13] 石智军,姚宁平,叶根飞.煤矿井下瓦斯抽采钻孔施工技术与装备[J].煤炭科学技术,2009,37(7):1-4.

[14] 王魁军,张兴华.中国煤矿瓦斯抽采技术发展现状与前景[J].中国煤层气,2006,3(1):13-16.

[15] 张群.煤层气储层数值模拟模型及应用的研究[D].北京:煤炭科学研究总院,2002.

[16] 卢守青.大宁煤矿高阶原生煤与构造煤吸附解吸特性与敏感指标研究[D].徐州:中国矿业大学,2013.

[17] HODOT B B. Coal and gas outburst[M]. Beijing: Chemical Industry Press,1966.

[18] DUBININ M M. Porous structure and adsorption properties fo active carbons[J]. Chemistry and physics of carbon,1966,2:51-120.

[19] GAN H,NANDI S,WALKER P L. Nature of the porosity in American coals[J]. Fuel,1972,51(4):272-277.

[20] ROUQUEROL J,AVNIR D,FAIRBRIDGE C W,et al. Recommendations for the characterization of porous solids(technique report)[J]. Pure and applied chemistry,1994,66(8):1739-1758.

[21] CHANDRA G,LO P Y,HITCHCOCK P B,et al. A convenient and novel route to bis (η-alkyne) platinum(0) and other platinum(0) complexes from Speier's hydrosilylation catalyst $H_2[PtCl_6]$ · xH_2O. X-ray structure of$[Pt\{(\eta\text{-}CH_2=CHSiMe_2)_2O\}(P\text{-}t\text{-}Bu_3)]$ [J]. Organometallics,1987,6(1):191-192.

[22] 秦勇,徐志伟.高煤级煤孔径结构的自然分类及其应用[J].煤炭学报,1995,20(3):266-271.

[23] CLARKSON C R,BUSTIN R M. The effect of pore structure and gas pressure upon the transport properties of coal:a laboratory and modeling study. 1. isotherms and pore volume distributions[J]. Fuel,1999,78(11):1333-1344.

[24] 孟磊.含瓦斯煤体损伤破坏特征及瓦斯运移规律研究[D].北京:中国矿业大学(北京),2013.

[25] 吴世跃.煤层气与煤层耦合运动理论及其应用的研究:具有吸附作用的气

固耦合理论[D]. 沈阳：东北大学，2005.

[26] 刘清泉. 多重应力路径下双重孔隙煤体损伤扩容及渗透性演化机制与应用[D]. 徐州：中国矿业大学，2015.

[27] VALLIAPPAN S，WOHUA Z. Numerical modelling of methane gas migration in dry coal seams[J]. International journal for numerical and analytical methods in geomechanics，1996，20(8)：571-593.

[28] GUO J C，NIE R S，JIA Y L. Unsteady-state diffusion modeling of gas in coal matrix for horizontal well production[J]. Aapg bulletin，2014，98(9)：1669-1697.

[29] PATTON S，FAN H，NOVAK T，et al. Simulator for degasification, methane emission prediction and mine ventilation[J]. Mining engineering，1994，46(4)：341-345.

[30] PILLALAMARRY M，HARPALANI S，LIU S M. Gas diffusion behavior of coal and its impact on production from coalbed methane reservoirs[J]. International journal of coal geology，2011，86(4)：342-348.

[31] ZHANG Y. Geochemical kinetics[M]. Boston：Princeton University Press，2008.

[32] ZHAO Y L，FENG Y H，ZHANG X X. Molecular simulation of CO_2/CH_4 self- and transport diffusion coefficients in coal[J]. Fuel，2016，165(165)：19-27.

[33] 杨其銮，王佑安. 煤屑瓦斯扩散理论及其应用[J]. 煤炭学报，1986，11(3)：87-94.

[34] DZIURZYŃSKI W，KRACH A. Mathematical model of methane caused by a collapse of rock mass crump[J]. Archives of mining sciences，2001，46(4)：433-449.

[35] ÉTTINGER I L. Solubility and diffusion of methane in coal strata[J]. Soviet mining science，1987，23(2)：159-169.

[36] KUZNETSOV S V，BOBIN V A. Desorption kinetics during phenomena in collieries[J]. Soviet mining science，1987，23(2)：159-168.

[37] MENDES A M M，COSTA C A V，RODRIGUES A E. Linear driving force approximation for isothermal non-isobaric diffusion/convection

with binary langmuir adsorption[J]. Gas separation & purification, 1995,9(4):259-270.

[38] VASYUCHKOV Y F. A study of porosity,permeability,and gas release of coal as it is saturated with water and acid solutions[J]. Soviet mining, 1985,21(1):81-88.

[39] 杨其銮.煤屑瓦斯放散随时间变化规律的初步探讨[J].煤矿安全,1986, 17(4):3-11.

[40] 杨其銮.关于煤屑瓦斯放散规律的试验研究[J].煤矿安全,1987(2): 10-17.

[41] 杨其銮,王佑安.瓦斯球向流动的数学模拟[J].中国矿业学院学报,1988, 17(3):58-64.

[42] 郭勇义,吴世跃,王跃明,等.煤粒瓦斯扩散及扩散系数测定方法的研究 [J].山西矿业学院学报,1997(1):15-19.

[43] 吴世跃.煤层瓦斯扩散与渗流规律的初步探讨[J].山西矿业学院学报, 1994(3):259-263.

[44] NIE B S,LIU X F,YANG L L,et al. Pore structure characterization of different rank coals using gas adsorption and scanning electron microsco-py[J].Fuel,2015,158:908-917.

[45] 彭晓华.辽宁矿区煤层气开采渗流规律研究[D].阜新:辽宁工程技术大 学,2010.

[46] 李波.受载含瓦斯煤渗流特性及其应用研究[D].北京:中国矿业大学(北 京),2013.

[47] 周世宁.瓦斯在煤层中流动的机理[J].煤炭学报,1990,15(1):15-24.

[48] 周世宁,林柏泉.煤层瓦斯赋存与流动理论[M].北京:煤炭工业出版 社,1999.

[49] 周世宁,孙辑正.煤层瓦斯流动理论及其应用[J].煤炭学报,1965,2(1): 24-37.

[50] 孙培德.煤层瓦斯流场流动规律的研究[J].煤炭学报,1987,12(4):74-82.

[51] 孙培德.瓦斯动力学模型的研究[J].煤田地质与勘探,1993,21(1):33-39.

[52] 孙培德.变形过程中煤样渗透率变化规律的实验研究[J].岩石力学与工 程学报,2001,20(增刊1):1801-1804.

[53] 谭学术,袁静.矿井煤层真实瓦斯渗流方程的研究[J].重庆建筑工程学院

学报,1986,8(1):106-112.

[54] 王宏图,杜云贵,鲜学福,等.受地应力、地温和地电效应影响的煤层瓦斯渗流方程[J].重庆大学学报(自然科学版),2000,23(增刊1):47-49.

[55] 王宏图,杜云贵,鲜学福,等.地球物理场中的煤层瓦斯渗流方程[J].岩石力学与工程学报,2002,21(5):644-646.

[56] 王宏图,李晓红,鲜学福,等.地电场作用下煤中甲烷气体渗流性质的实验研究[J].岩石力学与工程学报,2004,23(2):303-306.

[57] 易俊,姜永东,鲜学福.应力场、温度场瓦斯渗流特性实验研究[J].中国矿业,2007,16(5):113-116.

[58] 张广洋,谭学术,鲜学福,等.煤层瓦斯运移的数学模型[J].重庆大学学报(自然科学版),1994,17(4):53-57.

[59] 曾凡桂,郝玉英,赵玉兰,等.煤吸附的高分子溶液理论[J].煤炭转化,1995(4):31-37.

[60] LU S Q,CHENG Y P,QIN L M,et al. Gas desorption characteristics of the high-rank intact coal and fractured coal[J]. International journal of mining science and technology,2015,25(5):819-825.

[61] LU S Q,CHENG Y P,LI W,et al. Pore structure and its impact on CH_4 adsorption capability and diffusion characteristics of normal and deformed coals from Qinshui Basin[J]. International journal of oil,gas and coal technology,2015,10(1):94-114.

[62] 姜海纳.突出煤粉孔隙损伤演化机制及其对瓦斯吸附解吸动力学特性的影响[D].徐州:中国矿业大学,2015.

[63] 李伟.海石湾井田 CO_2 成藏演化机制及防治技术研究[D].徐州:中国矿业大学,2011.

[64] BARRER R M. Diffusion in and through solids[M]. Cambridge:Cambridge University Press,1941.

[65] 孙重旭.煤样解吸瓦斯泄出的研究及其突出煤层煤样瓦斯解吸的特点[C]//煤与瓦斯突出第三次学术论文选集.重庆:重庆研究所,1983.

[66] 安丰华,程远平,吴冬梅,等.基于瓦斯解吸特性推算煤层瓦斯压力的方法[J].采矿与安全工程学报,2011,28(1):81-85.

[67] 王恩元,何学秋.瓦斯气体在煤体中的吸附过程及其动力学机理[J].江苏煤炭,1996(3):17-19.

[68] 陈向军.外加水分对煤的瓦斯解吸动力学特性影响研究[D].徐州:中国矿业大学,2013.

[69] 陈向军,程远平,何涛,等.注水对煤的瓦斯扩散特性影响[J].采矿与安全工程学报,2013,30(3):443-448.

[70] 李一波,郑万成,王凤双.煤样粒径对煤吸附常数及瓦斯放散初速度的影响[J].煤矿安全,2013,44(1):5-8.

[71] 李云波,张玉贵,张子敏,等.构造煤瓦斯解吸初期特征实验研究[J].煤炭学报,2013,38(1):15-20.

[72] 李青松,李晓华,张书金,等.突出煤层瓦斯解吸初期影响因素的实验研究[J].煤,2014,23(3):1-3.

[73] 许江,刘东,彭守建,等.煤样粒径对煤与瓦斯突出影响的试验研究[J].岩石力学与工程学报,2010,29(6):1231-1237.

[74] 张天军,许鸿杰,李树刚,等.粒径大小对煤吸附甲烷的影响[J].湖南科技大学学报(自然科学版),2009,24(1):9-12.

[75] 许满贵,马正恒,陈甲,等.煤对甲烷吸附性能影响因素的实验研究[J].矿业工程研究,2009,24(2):51-54.

[76] 潘红宇,李树刚,李志梁,等.瓦斯放散初速度影响因素实验研究[J].煤矿安全,2013,44(6):15-17.

[77] 伊向艺,吴红军,卢渊,等.寺河煤矿煤岩颗粒解吸—扩散特征实验研究[J].煤炭工程,2013,45(3):111-112.

[78] GUO H J,CHENG Y P,WANG L,et al. Experimental study on the effect of moisture on low-rank coal adsorption characteristics[J].Journal of natural gas science and engineering,2015,24(4):245-251.

[79] AN F H,CHENG Y P,WU D M,et al. The effect of small micropores on methane adsorption of coals from Northern China[J]. Adsorption-journal of the international adsorption society,2013,19(1):83-90.

[80] JIANG H N,CHENG Y P,YUAN L,et al. A fractal theory based fractional diffusion model used for the fast desorption process of methane in coal[J].Chaos,2013,23(3):033111.

[81] BUSCH A,GENSTERBLUM Y,KROOSS B M. Methane and CO_2 sorption and desorption measurements on dry Argonne premium coals:pure components and mixtures [J]. International journal of coal geology,

2003,55(2):205-224.

[82] CLARKSON C R,BUSTIN R M. Binary gas adsorption/desorption iso-
therms:effect of moisture and coal composition upon carbon dioxide se-
lectivity over methane[J]. International journal of coal geology,2000,42
(4):241-271.

[83] ETTINGER I,EREMIN I,ZIMAKOV B. Natural factors influencing
coal sorption properties. I. petrography and sorption properties of coals
[J]. Fuel,1966,45(4):267-275.

[84] FU X H,JIAO Z F,QIN Y,et al. Adsorption experiments of low rank
coal under equilibrium moistures[J]. Journal of Liaoning Technical Uni-
versity,2005,24(2):161-164.

[85] LAXMINARAYANA C,CROSDALE P J. Role of coal type and rank on
methane sorption characteristics of Bowen Basin,Australia coals[J]. In-
ternational journal of coal geology,1999,40(4):309-325.

[86] YI J,AKKUTLU I Y,KARACAN C O,et al. Gas sorption and transport
in coals:a poroelastic medium approach[J]. International journal of coal
geology,2009,77(1):137-144.

[87] 钱鸣皋.介绍煤及瓦斯突出的性质与力学作用的现代学说[J]. 北京矿业
学院学报,1955(3):92-100.

[88] 许江,鲜学福,杜云贵,等.含瓦斯煤的力学特性的实验分析[J].重庆大学
学报(自然科学版),1993,16(5):42-47.

[89] 尹光志,王振,张东明.有效围压为零条件下瓦斯对煤体力学性质影响的
实验[J].重庆大学学报,2010,33(11):129-133.

[90] 赵洪宝,尹光志.含瓦斯煤声发射特性试验及损伤方程研究[J].岩土力
学,2011,32(3):667-671.

[91] 王家臣,邵太升,赵洪宝.瓦斯对突出煤力学特性影响试验研究[J].采矿
与安全工程学报,2011,28(3):391-394.

[92] 姚宇平.吸附瓦斯对煤的变形及强度的影响[J].煤矿安全,1988(12):
37-41.

[93] 姚宇平,周世宁.含瓦斯煤的力学性质[J].中国矿业学院学报,1988,17
(1):4-10.

[94] 李小双,尹光志,赵洪宝,等.含瓦斯突出煤三轴压缩下力学性质试验研究

[J].岩石力学与工程学报,2010,29(增刊1):3350-3358.

[95] 梁冰,章梦涛,潘一山,等.瓦斯对煤的力学性质及力学响应影响的试验研究[J].岩土工程学报,1995,17(5):12-18.

[96] 许江,李波波,周婷,等.加卸载条件下煤岩变形特性与渗透特征的试验研究[J].煤炭学报,2012,37(9):1493-1498.

[97] 尹光志,蒋长宝,王维忠,等.不同卸围压速度对含瓦斯煤岩力学和瓦斯渗流特性影响试验研究[J].岩石力学与工程学报,2011,30(1):68-77.

[98] 尹光志,李文璞,李铭辉,等.不同加卸载条件下含瓦斯煤力学特性试验研究[J].岩石力学与工程学报,2013,32(5):891-901.

[99] 尹光志,蒋长宝,许江,等.含瓦斯煤热流固耦合渗流实验研究[J].煤炭学报,2011,36(9):1495-1500.

[100] 许江,张丹丹,彭守建,等.温度对含瓦斯煤力学性质影响的试验研究[J].岩石力学与工程学报,2011(增刊1):2730-2735.

[101] EVANS I,POMEROY C. The strength of cubes of coal in uniaxial compression, mechanical properties of non-mettalic brittle materials[M]. London: Butterworths Scientific Publications,1958.

[102] MISHRA B,DLAMINI B. Investigation of swelling and elastic property changes resulting from CO_2 injection into cuboid coal specimens[J]. Energy & fuels,2012,26(6):3951-3957.

[103] BIENIAWSKI Z T. The effect of specimen size on compressive strength of coal[J]. International journal of rock mechanics and mining sciences & geomechanics abstracts,1968,5(4):325-335.

[104] VAN DER MERWE J. A laboratory investigation into the effect of specimen size on the strength of coal samples from different areas[J]. Journal of the South African Institute of Mining and Metallurgy,2003, 103(5):273-279.

[105] MEDHURST T,BROWN E. Large scale laboratory testing of coal [C]//Proceedings of the 7th Australia New Zealand conference on geomechanics:geomechanics in a changing world,1996.

[106] ATES Y,BARRON K. The effect of gas sorption on the strength of coal[J]. Mining science and technology,1988,6(3):291-300.

[107] TERRY N. The dependence of the elastic behaviour of coal on the mi-

crocrack structure[J]. Fuel,1959,38(2):125-146.

[108] MARK C,BARTON T M. A new look at the uniaxial compressive strength of coal[C]//Proceedings of the 2nd North American rock mechanics symposium,1996.

[109] MEDHURST T P,BROWN E T. A study of the mechanical behaviour of coal for pillar design[J]. International journal of rock mechanics and mining sciences,1998,35(8):1087-1105.

[110] MASOUDIAN M S,AIREY D W,ELZEIN A. Experimental investigations on the effect of CO_2 on mechanics of coal[J]. International journal of coal geology,2014,128:12-23.

[111] WANG S G,ELSWORTH D,LIU J S. Mechanical behavior of methane infiltrated coal:the roles of gas desorption,stress level and loading rate [J]. Rock mechanics and rock engineering,2013,46(5):945-958.

[112] SZWILSKI A B. Relation between the structural and physical properties of coal[J]. Mining science and technology,1985,2(3):181-189.

[113] VIETE D R,RANJITH P G. The effect of CO_2 on the geomechanical and permeability behaviour of brown coal:implications for coal seam CO_2 sequestration[J]. International journal of coal geology,2006,66 (3):204-216.

[114] VIETE D R,RANJITH P G. The mechanical behaviour of coal with respect to CO_2 sequestration in deep coal seams[J]. Fuel,2007,86(17):2667-2671.

[115] TERZAGHI K. Principles of soil mechanics,Ⅳ-settlement and consolidation of clay[J]. Engineering news-record,1925,95(3):874-878.

[116] BIOT M A. General theory of three-dimensional consolidation[J]. Journal of applied physics,1941,12(2):155-164.

[117] 卢平,沈兆武,朱贵旺,等. 岩样应力应变全程中的渗透性表征与试验研究[J]. 中国科学技术大学学报,2002,32(6):678-684.

[118] 祝捷,姜耀东,赵毅鑫,等. 考虑吸附作用的各向异性煤体有效应力[J]. 中国矿业大学学报,2010,39(5):699-704.

[119] 孙培德,鲜学福,钱耀敏. 煤体有效应力规律的实验研究[J]. 矿业安全与环保,1999,26(2):16-18.

[120] 赵阳升,胡耀青.孔隙瓦斯作用下煤体有效应力规律的实验研究[J].岩土工程学报,1995,17(3):26-31.

[121] LIU S M,HARPALANI S. Determination of the effective stress law for deformation in coalbed methane reservoirs[J]. Rock mechanics and rock engineering,2014,47(5):1809-1820.

[122] 陶云奇,许江,彭守建,等.含瓦斯煤孔隙率和有效应力影响因素试验研究[J].岩土力学,2010,31(11):3417-3422.

[123] 李祥春,郭勇义,吴世跃,等.煤体有效应力与膨胀应力之间关系的分析[J].辽宁工程技术大学学报,2007,26(4):535-537.

[124] 吴世跃,赵文.含吸附煤层气煤的有效应力分析[J].岩石力学与工程学报,2005,24(10):1674-1678.

[125] 王登科,尹光志,刘建,等.三轴压缩下含瓦斯煤岩弹塑性损伤耦合本构模型[J].岩土工程学报,2010,32(1):55-60.

[126] 王维忠,尹光志,赵洪宝,等.含瓦斯煤岩三轴蠕变特性及本构关系[J].重庆大学学报,2009,32(2):197-201.

[127] 尹光志,王登科.含瓦斯煤岩耦合弹塑性损伤本构模型研究[J].岩石力学与工程学报,2009,28(5):993-999.

[128] 尹光志,王浩,张东明.含瓦斯煤卸围压蠕变试验及其理论模型研究[J].煤炭学报,2011,36(12):1963-1967.

[129] 尹光志,张东明,何巡军.含瓦斯煤蠕变实验及理论模型研究[J].岩土工程学报,2009,31(4):528-532.

[130] 陈占清,刘树才,赵玉成.含瓦斯煤的破坏和流动法则[J].应用力学学报,2010,27(2):269-273.

[131] 尹光志,王登科,张东明,等.基于内时理论的含瓦斯煤岩损伤本构模型研究[J].岩土力学,2009,30(4):885-889.

[132] 张我华.煤/瓦斯突出过程中煤介质局部化破坏的损伤机理[J].岩土工程学报,1999,21(6):731-736.

[133] WANG G,WANG Z Q,RUDOLPH V,et al. An analytical model of the mechanical properties of bulk coal under confined stress[J]. Fuel,2007, 86(12):1873-1884.

[134] SHI J Q,DURUCAN S. Drawdown induced changes in permeability of coalbeds:a new interpretation of the reservoir response to primary re-

covery[J]. Transport in porous media,2004,56(1):1-16.

[135] 彭永伟,齐庆新,邓志刚,等.考虑尺度效应的煤样渗透率对围压敏感性试验研究[J].煤炭学报,2008,33(5):509-513.

[136] 王恩元,张力,何学秋,等.煤体瓦斯渗透性的电场响应研究[J].中国矿业大学学报,2004,33(1):62-65.

[137] 苏现波,冯艳丽,陈江峰.煤中裂隙的分类[J].煤田地质与勘探,2002,30(4):21-24.

[138] 傅雪海,秦勇,张万红,等.基于煤层气运移的煤孔隙分形分类及自然分类研究[J].科学通报,2005,50(S1):51-55.

[139] 张胜利.煤层割理及其在煤层气勘探开发中的意义[J].煤田地质与勘探,1995,23(4):27-30.

[140] 孙维吉,梁冰,李辉,等.吸附和长时间荷载作用煤渗透规律试验[J].重庆大学学报,2011,34(4):83-87.

[141] 陈绍杰,孙熙震,郭惟嘉,等.软煤塑性流动状态下渗透特性的试验研究[J].山东科技大学学报(自然科学版),2012,31(5):15-20.

[142] 潘荣锟.载荷煤体渗透率演化特性及在卸压瓦斯抽采中的应用[D].徐州:中国矿业大学,2014.

[143] 许江,彭守建,陶云奇,等.蠕变对含瓦斯煤渗透率影响的试验分析[J].岩石力学与工程学报,2009,28(11):2273-2279.

[144] 许江,周婷,李波波,等.三轴应力条件下煤层气储层渗流滞后效应试验研究[J].岩石力学与工程学报,2012,31(9):1854-1861.

[145] 尹光志,黄启翔,张东明,等.地应力场中含瓦斯煤岩变形破坏过程中瓦斯渗透特性的试验研究[J].岩石力学与工程学报,2010,29(2):336-343.

[146] 尹光志,蒋长宝,李晓泉,等.突出煤和非突出煤全应力-应变瓦斯渗流试验研究[J].岩土力学,2011,32(6):1613-1619.

[147] 尹光志,李广治,赵洪宝,等.煤岩全应力-应变过程中瓦斯流动特性试验研究[J].岩石力学与工程学报,2010,29(1):170-175.

[148] 尹光志,李铭辉,李文璞,等.瓦斯压力对卸荷原煤力学及渗透特性的影响[J].煤炭学报,2012,37(9):1499-1504.

[149] 尹光志,李文璞,李铭辉,等.加卸载条件下原煤渗透率与有效应力的规律[J].煤炭学报,2014,39(8):1497-1503.

［150］林柏泉,周世宁.煤样瓦斯渗透率的实验研究[J].中国矿业学院学报,
1987,16(1):24-31.

［151］曹树刚,郭平,李勇,等.瓦斯压力对原煤渗透特性的影响[J].煤炭学报,
2010,35(4):595-599.

［152］袁梅,李波波,许江,等.不同瓦斯压力条件下含瓦斯煤的渗透特性试验
研究[J].煤矿安全,2011,42(3):1-4.

［153］隆清明,赵旭生,孙东玲,等.吸附作用对煤的渗透率影响规律实验研究
[J].煤炭学报,2008,33(9):1030-1034.

［154］LIU S,HARPALANI S,PILLALAMARRY M. Laboratory measure-
ment and modeling of coal permeability with continued methane pro-
duction:part 2-modeling results[J].Fuel,2012,94:117-124.

［155］HARPALANI S,SCHRAUFNAGEL R A. Shrinkage of coal matrix
with release of gas and its impact on permeability of coal[J]. Fuel,
1990,69(5):551-556.

［156］MAZUMDER S,SCOTT M,JIANG J. Permeability increase in Bowen
Basin coal as a result of matrix shrinkage during primary depletion[J].
International journal of coal geology,2012,96/97:109-119.

［157］MCKEE C R,BUMB A C,KOENIG R A. Stress-dependent permeability and
porosity of coal[C]//Proceedings of the international coalbed methane sym-
posium,University of Alabama,Tuscaloosa,Alabama,1987.

［158］MITRA A,HARPALANI S,LIU S. Laboratory measurement and mod-
eling of coal permeability with continued methane production:part 1-la-
boratory results[J].Fuel,2012,94:110-116.

［159］CHEN Z W,PAN Z J,LIU J S,et al. Effect of the effective stress coef-
ficient and sorption-induced strain on the evolution of coal permeabili-
ty:experimental observations[J]. International journal of greenhouse
gas control,2011,5(5):1284-1293.

［160］PAN Z J,CONNELL L D,CAMILLERI M. Laboratory characterisation
of coal reservoir permeability for primary and enhanced coalbed meth-
ane recovery[J]. International journal of coal geology,2010,82(3):252-
261.

［161］SEIDLE J R,HUITT L. Experimental measurement of coal matrix shrinkage due to gas desorption and implications for cleat permeability increases[C]//Proceedings of the international meeting on petroleum engineering,1995.

[162] DURUCAN S,AHSANB M,SHIA J Q. Matrix shrinkage and swelling characteristics of European coals[J]. Energy procedia,2009,1(1):3055-3062.

[163] ROBERTSON E P. Modeling permeability in coal using sorption-induced strain data[C]//Proceedings of the SPE annual technical conference and exhibition,2005.

[164] ROBERTSON E P. Measurement and modeling of sorption-induced strain and permeability changes in coal[R],2005.

[165] PINI R,OTTIGER S,BURLINI L,et al. Role of adsorption and swelling on the dynamics of gas injection in coal[J]. Journal of geophysical research,2009,114:4203-4217.

[166] DAWSON G K W,ESTERLE J S. Controls on coal cleat spacing[J]. International journal of coal geology,2010,82(3):213-218.

[167] FU X H,QIN Y,WANG G,et al. Evaluation of coal structure and permeability with the aid of geophysical logging technology[J]. Fuel,2009,88(11):2278-2285.

[168] 郭品坤. 煤与瓦斯突出层裂发展机制研究[D]. 徐州：中国矿业大学,2014.

[169] 李祥春,郭勇义,吴世跃,等. 考虑吸附膨胀应力影响的煤层瓦斯流-固耦合渗流数学模型及数值模拟[J]. 岩石力学与工程学报,2007,26(增刊1):2743-2748.

[170] 付玉,郭肖,贾英,等. 煤基质收缩对裂隙渗透率影响的新数学模型[J]. 天然气工业,2005,25(2):143-145.

[171] 周军平,鲜学福,姜永东,等. 考虑有效应力和煤基质收缩效应的渗透率模型[J]. 西南石油大学学报(自然科学版),2009,31(1):4-8.

[172] 杨天鸿,徐涛,刘建新,等. 应力-损伤-渗流耦合模型及在深部煤层瓦斯卸压实践中的应用[J]. 岩石力学与工程学报,2005,24(16):2900-2905.

[173] 徐涛,唐春安,宋力,等. 含瓦斯煤岩破裂过程流固耦合数值模拟[J]. 岩石力学与工程学报,2005,24(10):1667-1673.

[174] 谢和平,高峰,周宏伟,等. 煤与瓦斯共采中煤层增透率理论与模型研究[J]. 煤炭学报,2013,38(7):1101-1108.

[175] 姜永东,阳兴洋,鲜学福,等. 应力场、温度场、声场作用下煤层气的渗流方程[J]. 煤炭学报,2010,35(3):434-438.

[176] 李志强,鲜学福,隆晴明. 不同温度应力条件下煤体渗透率实验研究[J]. 中国矿业大学学报,2009,38(4):523-527.

[177] 谭学术,鲜学福,张广洋,等. 煤的渗透性研究[J]. 西安科技大学学报,1994,14(1):22-25.

[178] LIU J S,CHEN Z W,ELSWORTH D,et al. Interactions of multiple processes during CBM extraction:a critical review[J]. International journal of coal geology,2011,87(3):175-189.

[179] LIU S M,HARPALANI S,PILLALAMARRY M. Laboratory measurement and modeling of coal permeability with continued methane production:part 1-laboratory results[J]. Fuel,2012,94:110-116.

[180] PERERA M S A,RANJITH P G,VIETE D R,et al. The effects of injection and production well arrangement on carbon dioxide sequestration in deep,unmineable coal seams:a numerical study[J]. International journal of coal preparation and utilization,2012,32(5):211-224.

[181] THARAROOP P,KARPYN Z T,ERTEKIN T. Development of a multi-mechanistic,dual-porosity,dual-permeability,numerical flow model for coalbed methane reservoirs[J]. Journal of natural gas science and engineering,2012,8:121-131.

[182] VISHAL V,SINGH L,PRADHAN S,et al. Numerical modeling of Gondwana coal seams in India as coalbed methane reservoirs substituted for carbon dioxide sequestration[J]. Energy,2013,49:384-394.

[183] VISHAL V,SINGH T N,RANJITH P G. Influence of sorption time in CO_2-ECBM process in Indian coals using coupled numerical simulation[J]. Fuel,2015,139:51-58.

[184] LIU Q Q,CHENG Y P,WANG H F,et al. Numerical assessment of the effect of equilibration time on coal permeability evolution characteristics[J]. Fuel,2015,140:81-89.

[185] LIU Q Q,CHENG Y P,ZHOU H X,et al. A mathematical model of

coupled gas flow and coal deformation with gas diffusion and klinken-berg effects[J]. Rock mechanics and rock engineering, 2015, 48(3): 1163-1180.

[186] PAN Z J, CONNELL L D. Modelling permeability for coal reservoirs: a review of analytical models and testing data[J]. International journal of coal geology, 2012, 92: 1-44.

[187] CAO Y X, DAVIS A, LIU R, et al. The influence of tectonic deforma-tion on some geochemical properties of coals: a possible indicator of outburst potential[J]. International journal of coal geology, 2003, 53 (2): 69-79.

[188] KÜCÜK A, KADIOĞLU Y, GÜLABOĞLU M S. A study of spontane-ous combustion characteristics of a Turkish lignite: particle size, mois-ture of coal, humidity of air[J]. Combustion and flame, 2003, 133(3): 255-261.

[189] GUO H J, CHENG Y R, REN T, et al. Pulverization characteristics of coal from a strong outburst-prone coal seam and their impact on gas de-sorption and diffusion properties[J]. Journal of natural gas science and engineering, 2016, 33: 867-878.

[190] WASHBURN E W. The dynamics of capillary flow[J]. Physical re-view, 1921, 17(3): 273-283.

[191] GÜRDAL G, YALLIN M N. Pore volume and surface area of the Car-boniferous coals from the Zonguldak basin (NW Turkey) and their var-iations with rank and maceral composition[J]. International journal of coal geology, 2001, 48(1): 133-144.

[192] WANG F, CHENG Y P, LU S Q, et al. Influence of coalification on the pore characteristics of middle high rank coal[J]. Energy & fuels, 2014, 28(9): 5729-5736.

[193] REISS L H. The reservoir engineering aspects of fractured formations [R]. Editions Technip, 1980.

[194] 安丰华. 煤与瓦斯突出失稳蕴育过程及数值模拟研究[D]. 徐州: 中国矿业大学, 2014.

[195] 傅雪海,秦勇,薛秀谦,等. 煤储层孔、裂隙系统分形研究[J]. 中国矿业大学学报,2001,30(3):225-228.

[196] 谢和平. 分形最新进展与力学中的分形[J]. 力学与实践,1993,15(2):9-18.

[197] 谢和平. 分形力学研究进展[J]. 力学与实践,1996,18(2):10-18.

[198] 赵爱红,廖毅,唐修义,等. 离散分形布朗增量随机场模型在煤微结构定量分析中的应用[J]. 电子显微学报,1998,17(6):62-65.

[199] 王飞. 煤的吸附解吸动力学特性及其在瓦斯参数快速测定中的应用[D]. 徐州:中国矿业大学,2016.

[200] GUO H J,CHENG Y P,YUAN L,et al. Unsteady-state diffusion of gas in coals and its relationship with coal pore structure[J]. Energy & fuels,2016,30(9):7014-7024.

[201] WANG L,CHENG Y P,LIU H Y. An analysis of fatal gas accidents in Chinese coal mines[J]. Safety science,2014,62:107-113.

[202] KONDO S,ISHIKAWA T,ABE I. Adsorption science[M]. Beijing:Chemical Industry Press,2006.

[203] LI W,CHENG Y P,WU D M,et al. CO_2 isothermal adsorption models of coal in the Haishiwan Coalfield[J]. Mining science and technology,2010,20(2):281-285.

[204] DUBININ M M,RADUSHKEVICH L V. The Equation of the characteristic curve of activated charcoal[J]. Zhurnal nevropatologii i psikhiatrii imeni sskorsakova,1946,79(7):843-848.

[205] DUBININ M M,ASTAKHOV V A. Description of adsorption equilibria of vapors on zeolites over wide ranges of temperature and pressure [J]. Molecular sieve zeolites-II ,american chemical society,1971:69-85.

[206] BRUNAUER S,EMMETT P H,TELLER E. Adsorption of gases in multimolecular layers[J]. Journal of the American chemical society,1938,60(2):309-319.

[207] LANGMUIR I. The adsorption of gases on plane surfaces of glass,mica and platinum[J]. Journal of the American chemical society,1918,40(9):1361-1403.

[208] 王兆丰. 空气、水和泥浆介质中煤的瓦斯解吸规律与应用研究[D]. 徐州:

中国矿业大学,2001.

[209] 胡少斌.多尺度裂隙煤体气固耦合行为及机制研究[D].徐州:中国矿业大学,2015.

[210] 聂百胜,王恩元,郭勇义,等.煤粒瓦斯扩散的数学物理模型[J].辽宁工程技术大学学报(自然科学版),1999,18(6):582-585.

[211] JIAN X,GUAN P,ZHANG W. Carbon dioxide sorption and diffusion in coals:experimental investigation and modeling[J]. Science China earth sciences,2012,55(4):633-643.

[212] 聂百胜,杨涛,李祥春,等.煤粒瓦斯解吸扩散规律实验[J].中国矿业大学学报,2013,42(6):975-981.

[213] 卢守青.基于等效基质尺度的煤体力学失稳及渗透性演化机制与应用[D].徐州:中国矿业大学,2016.

[214] HIRT A M,SHAKOOR A. Determination of the unconfined compressive strength of coal for pillar design[D]. Kent:Kent State University,1991.

[215] MEDHURST T P,BROWN E T. A study of the mechanical behaviour of coal for pillar design[J]. International journal of rock mechanics and mining sciences,1998,35(8):1087-1105.

[216] 杨永杰,宋扬,陈绍杰.三轴压缩煤岩强度及变形特征的试验研究[J].煤炭学报,2006,31(2):150-153.

[217] 苏承东,翟新献,李永明,等.煤样三轴压缩下变形和强度分析[J].岩石力学与工程学报,2006,25(S1):2963-2968.

[218] 王宏图,鲜学福,贺建民.层状复合煤岩的三轴力学特性研究[J].矿山压力与顶板管理,1999,16(1):81-83.

[219] HU S B,WANG E Y,KONG X G. Damage and deformation control equation for gas-bearing coal and its numerical calculation method[J]. Journal of natural gas science and engineering,2015,25:166-179.

[220] GUO P K,CHENG Y P,JIN K,et al. Impact of effective stress and matrix deformation on the coal fracture permeability[J]. Transport in porous media,2014,103(1):99-115.

[221] BATTISTUTTA E,VAN HEMERT P,LUTYNSKI M,et al. Swelling and sorption experiments on methane,nitrogen and carbon dioxide on

dry Selar Cornish coal[J]. International journal of coal geology,2010,
84(1):39-48.

[222] CONNELL L D,MAZUMDER S,SANDER R,et al. Laboratory characterisation of coal matrix shrinkage,cleat compressibility and the geomechanical properties determining reservoir permeability[J]. Fuel,2016,
165:499-512.

[223] LIU S M,HARPALANI S. A new theoretical approach to model sorption-induced coal shrinkage or swelling[J]. AAPG Bulletin,2013,97
(7):1033-1049.

[224] LEVINE J R. Model study of the influence of matrix shrinkage on absolute permeability of coal bed reservoirs[J]. Geological society,1996,109
(1):197-212.

[225] 陈海栋.保护层开采过程中卸载煤体损伤及渗透性演化特征研究[D].徐州:中国矿业大学,2013.

[226] 孔胜利.采动煤岩体离散裂隙网络瓦斯流动特征及应用研究[D].徐州:中国矿业大学,2015.

[227] BRACE W F,WALSH J B,FRANGOS W T. Permeability of granite under high pressure[J]. Journal of geophysical research,1968,73(6):
2225-2236.

[228] SIRIWARDANE H,HALJASMAA I,MCLENDON R T,et al. Influence of carbon dioxide on coal permeability determined by pressure transient methods[J]. International journal of coal geology,2009,77
(1):109-118.

[229] LIU J S,CHEN Z W,ELSWORTH D,et al. Evolution of coal permeability from stress-controlled to displacement-controlled swelling conditions[J]. Fuel,2011,90(10):2987-2997.

[230] DETOURNAY B E,CHENG A H D. Fundamentals of poroelasticity
[C]//Proceedings of the comprehensive rock engineering:principles,
practice and projects. [S. n:s. l],2012.

[231] DAWSON G K W,GOLDING S D,ESTERLE J S,et al. Occurrence of minerals within fractures and matrix of selected Bowen and Ruhr Basin coals[J]. International journal of coal geology,2012,94:150-166.

［232］ WANG K,ZANG J,WANG G D,et al. Anisotropic permeability evolution of coal with effective stress variation and gas sorption:model development and analysis[J]. International journal of coal geology,2014,130:53-65.

［233］ CHEN Z W,LIU J S,PAN Z J,et al. Influence of the effective stress coefficient and sorption-induced strain on the evolution of coal permeability:model development and analysis[J]. International journal of greenhouse gas control,2012,8:101-110.

［234］ CHEN H D,CHENG Y P,ZHOU H X,et al. Damage and permeability development in coal during unloading[J]. Rock mechanics and rock engineering,2013,46(6):1377-1390.

［235］ HAJIABDOLMAJID V,KAISER P K. Brittleness of rock and stability assessment in hard rock tunneling[J]. Tunnelling and underground space technology,2003,18(1):35-48.

［236］ PALMER I,MANSOORI J. How permeability depends on stress and pore pressure in coalbeds:a new model[C]//Proceedings of the SPE annual technical conference and exhibition. [S. n:s. l],1996.

［237］ PALMER I. Permeability changes in coal:analytical modeling[J]. International journal of coal geology,2009,77(1):119-126.

［238］ CUI X J,BUSTIN R M. Volumetric strain associated with methane desorption and its impact on coalbed gas production from deep coal seams [J]. AAPG bulletin,2005,89(9):1181-1202.

［239］ ROBERTSON E P,CHRISTIANSEN R L. A permeability model for coal and other fractured,sorptive-elastic media[J]. Spe journal,2008,13(3):314-324.

［240］ ZHANG H B,LIU J S,ELSWORTH D. How sorption-induced matrix deformation affects gas flow in coal seams:a new FE model[J]. International journal of rock mechanics and mining sciences,2008,45(8):1226-1236.

［241］ 国家煤矿安全监察局.防治煤与瓦斯突出细则[M].北京:煤炭工业出版社,2019.

后　记

　　本书是在袁亮院士和程远平教授的悉心指导下完成的,衷心感谢袁亮院士和程远平教授在本书完成过程中给予的亲切关怀和大力帮助。袁亮院士渊博的知识、敏锐的洞察力、高屋建瓴把握全局的能力和平易近人的人格魅力深深影响着我;程远平教授严谨的治学态度、把握问题的大局观、开拓创新的精神和忘我的工作热情是我终生学习的典范。求学期间,两位导师不但教会了我做人的道理,还使我学会了如何发现问题、思考问题和解决问题,这些将成为我今后人生路上最宝贵的财富。在此,谨向我的两位恩师致以深深的敬意,感谢两位恩师对我的栽培!

　　感谢课题组王海峰教授、王亮教授、李伟教授、刘海波副教授、周红星副教授、刘洪永副教授、蒋静宇副教授、刘清泉副教授在本书构思和写作过程中提供的宝贵建议和细心指导,以及在学业和生活上的关心和帮助!感谢吴冬梅老师和胡城翠老师在实验中给予的指导和帮助,感谢张浩博士、王小蕾硕士在数值模拟中提供的帮助!

　　感谢课题组金侃、陈明义、赵伟、朱金佗、董骏、涂庆毅、张荣、张开仲、刘正东、刘坤、王振洋、毋首杰、代昊、杜志刚、赵龙祥、王海亮、赵旭、王海洋、孙立硕、涂弦、鲍现凯、戚宇霄、聂雷、雷景冲、牛凡凡、陈二涛、刘飞、苏二磊、郝从猛、韩柯、孙杨、常乐乐、王振启、李斌、张强、胡彪、王然鹏、王然、蒋炤南、陈大鹏、邢跃强、张锐等师兄弟(妹)在学习、实验和本书写作过程中提供的无私帮助!

　　感谢本书中所引用文献的各位作者!

　　祝愿所有人身体健康、幸福美满!

作者
2019 年 9 月